纺织服装高等教育“十二五”部委级规划教材

服装品质控制与检验

蒋晓文 编著

東華大學出版社

内容提要

服装品质是服装的生命，也是企业赖以生存的根本。因此，服装品质的控制与检验，是服装企业生产管理的核心内容，在当前竞争激烈的市场经济下尤为重要。企业生产过程的质量控制是企业产品质量的生命，是企业生存和发展的保证，做好过程的质量控制是品质控制最直接、最有效的手段。本书吸取国内外最新品质控制的理论与实践精华，从企业实际出发，着重阐述各工艺流程的品质控制过程，并列举了典型服装的品质控制实例，同时根据服装标准，讲述了产品检验和等级划分的内容。本书信息量大，实用性强，可操作性强，理论和实践结合紧密，适合作为高等院校服装专业学生的专业教材，也可作为服装企业技术人员、管理人员、贸易人员的学习参考书。

图书在版编目(CIP)数据

服装品质控制与检验 / 蒋晓文编著. —— 上海：东华大学出版社，2011.6

ISBN 978-7-81111-899-5

Ⅰ.①服… Ⅱ.①蒋… Ⅲ.①服装—产品质量—质量控制 ②服装—产品质量—质量检验 Ⅳ.①TS941.79

中国版本图书馆CIP数据核字(2011)第118627号

责任编辑 杜亚玲
封面设计 杨 军

服装品质控制与检验

蒋晓文 编著

东华大学出版社出版

(上海市延安西路1882号 邮政编码：200051)

句容市排印厂印刷

开本：787×1092 1/16 印张：13 字数：324千字

2011年9月第1版 2023年8月第3次印刷

印数：6 001～8 000

ISBN 978-7-81111-899-5

定价：39.00元

目录

目录

第一章　服装品质控制概述

服装业作为我国国民经济的支柱行业,在我国的经济建设中发挥着重要作用。我国加入世界贸易组织后,我国的服装企业与世界服装企业的生产和供应在同一产业链中竞争。竞争的关键和实质在于产品品质及品质稳定性,而且这种竞争会越来越激烈。服装生产企业应按照客户的要求,外贸产品生产厂家还要按照国际市场或产品输入国的品质标准和要求,建立健全自己的品质管理体系,以保证服装产品的品质竞争力。

第一节　品质和品质控制的基本概念

一、品质和质量的概念

品质,包含两层含义:一是狭义的品质,即实物的质量;二是广义的品质,指人或物表现出来的思想、认识、品性等的本质。品质除了产品的质量外,还包括工作质量、过程质量、工序质量、服务质量等。质量,是指满足需要的产品或服务的总体特征和特性。

英文里,用“quality”表示的品质和质量亦有多种解释。美国质量管理专家朱兰(J.M.Juran)说:“品质就是产品的适用性。”日本小松制作所则认为:“品质不仅是产品的质量,而且包括产量、交货期、成本和一切工作的质量。”国际标准ISO8402-1994中规定品质的定义为:“反映实体满足规定和潜在需要能力特性的总和。”定义中的实体指“可单独描述和研究的事物”,如工作、过程、产品、组织或人以及它们的任何组合。

在服装企业里,品质和质量有很多相同的内涵,质量是品质的基本内容,也是重要内容,而品质包含的内容更广,是作为企业要素的人力、人才、产品、服务等,所反映出来的定型的科学技术内在信息状态,任何企业都必须借助科学技术手段,不断地提升其内在的科技内涵,进行必要的信息化披露,并接受质量标准的衡量和评测。

服装的品质不仅是指服装质量的好坏，而是指产品自设计至消费体现其品质的全过程，它包括四大内涵：

① 艺术内涵。指服装的设计符合艺术审美的要求，体现时尚和流行，具有文化品位和企业精神。

② 技术内涵。指服装产品具有功能性，满足人体动、静态的要求，其材料、配件的性能符合品质标准，制作工艺合理。

③ 时效内涵。指对服装流行的号召力、流行的寿命、应季的保证等。

④ 服务内涵。指为携带、馈赠、穿着、洗涤、保管等提供的便利条件。

服装的品质一般表现为三种质量形式：

1. 产品质量

产品质量指产品适合一定用途，满足消费者使用需要所具备的特性。狭义的质量是指产品质量。

产品质量可用产品质量的特性值来反映，用户要求的质量特性是多种多样的，产品质量特性也依产品特点而异，具体包括以下几个方面：

① 性能指标：是就用途而言所具有的技术特性，它反映产品的合用程度，决定产品的可用性，是最基本的一类指标。

② 寿命和可靠性指标：产品的寿命是指产品能够按规定的功能正常工作的期限，如服装穿用的天数等。产品可靠性是指产品在规定的时间内和条件下，能完成规定功能的能力。它反映产品功能的持久性、耐用性、稳定性等。

③ 安全性指标：它反映产品在使用过程中对使用者及周围环境安全、卫生的保证程度。

④ 经济性指标：这类指标反映产品使用过程中所花费的经济代价的大小（包括生产率、使用成本、寿命期、总成本等）。一般由价格和使用费用构成。当产品的价格相同、性能相同时，产品使用费用是用户购买决策时的决定性因素。

⑤ 结构合理性指标：反映产品结构合理的程度。

服装产品质量是指应具备符合时代潮流的款式，裁剪合体，做工精良，穿着舒适，耐用且具有一定功能等要求的尺度。

2. 工程质量

工程质量指企业为保证生产合格产品而应具备的全部手段和条件所达到的水平。

服装企业里，合理的车间布置、先进的机器设备、完善的检测手段都反映为企业的工程质量。

3. 工作质量

工作质量指指企业全体成员的经营管理、技术和生产等全部活动，是稳定生产合格品和不断提高产品质量的保证。

工作质量反映了整个企业的工作水平以及企业员工的主观能动性，主要包括企业的经营策略、生产计划、技术水平、管理水平和服务意识等是否合适。

三种质量形式中，工程质量是物质基础，是产品质量的物质保证；工程质量的改善依赖于工作质量的提高；工作质量是产品质量的保证；产品质量是工程质量和工作质量的综合反映。

从服装品质形成的全过程来考虑，除产品质量外，还有产品的过程质量，它可分为开发设计过程质量、制造过程质量、使用过程质量和服务过程质量。

二、品质管理与品质控制（Quality Control）的概念

国际标准ISO8402-1994对品质管理作了如下定义：品质管理是确立质量方针、目标和职责，并通过质量体系中的品质筹划、品质控制、品质保证和品质改进来使其实现所有管理职能的全部活动。该定义指出了品质管理的广义性。

由此可知，品质控制归属于品质管理，是品质管理的重要内容。品质控制是指与产品有关的全过程始终处于受控状态，以预防为主，不使产品质量产生问题，或者发现了问题也能在生产过程中得以纠正，不使其造成不良后果。

与品质管理相联系，国际上还运用“全面质量管理概念”，它是指以全面的质量管理为目标，有一整套质量保证体系，广义的、全过程的、全员的、科学的质量管理。

从具体工作来讲，企业生产质量管理的方法主要就是对生产过程进行质量控制和检验，从服装生产整个过程来看，质量控制和检验是整个生产过程中的重要环节。

第二节　品质控制的基本原理和方法

进行品质控制，必须掌握品质控制的基本原理和方法，熟悉产品质量形成过程和规律。

一、品质控制的基本原理

（一）产品质量的形成过程

产品质量的形成，是指从市场调研开始，经过产品设计、制造、销售，到用户服务为止的整个过程。对产品质量形成过程的不同分析，意味着品质控制的着眼点不同，其控制内容与目标也不相同。有关产品质量形成的描述主要有两种形式：

1. 朱兰螺旋曲线

由美国质量管理专家朱兰率先提出，反映产品质量产生、形成、发展的客观规律的一条螺旋上升曲线，如图1-1所示。该曲线指出产品的质量形成过程包括试车研究、产品开发、设计，制定产品规格、工艺，采购，仪器仪表及设备装置，生产，工序控制，产品检验，测试，销售及服务等共13个环节。各个环节之间相互依存，相互联系，相互促进。这种划分较为细致，包括了质量形成的各个方面，要求质量控制涉及面较广。

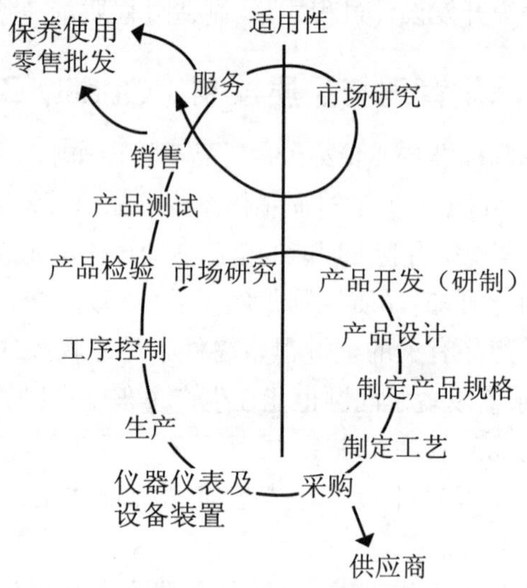

图1-1　朱兰螺旋曲线

2. 质量循环

质量循环是由瑞典的质量管理学家桑德霍姆（L.Sandholm）提出的，他从朱兰螺旋曲线的13个环节中选择了8个主要的环节构图，这8个环节称为八大质量职能。这里质量控制的职能重点比较明确、集中，如图1-2所示。

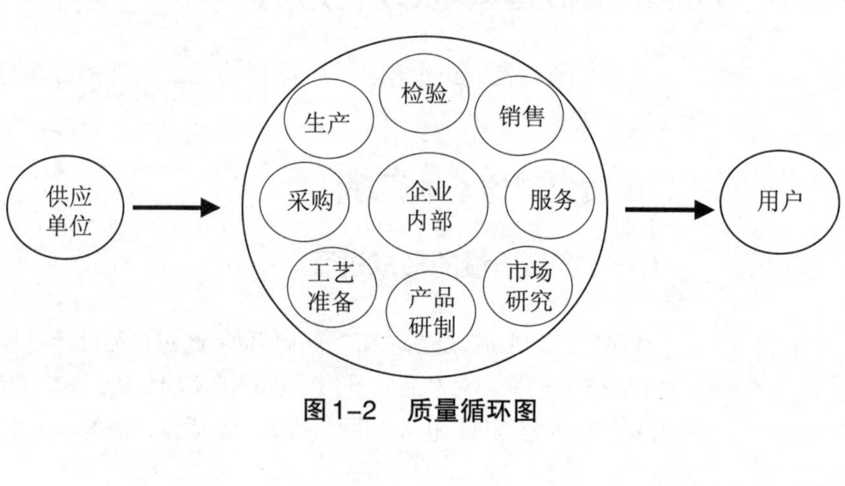

图1-2　质量循环图

除此之外，我国现行的国家标准GB/T 19000—ISO 9000对产品质量形成过程的质量环也有明确的规定，如图1-3所示。共列出11个项目，前六个项目同朱兰螺旋及桑德霍姆质量环大同小异，后面几个项目是产品生产后的销售和服务，划分得更加细致。这种划分考虑到了我国企业的生产实际，更为强调售后环节，保护消费者的利益。

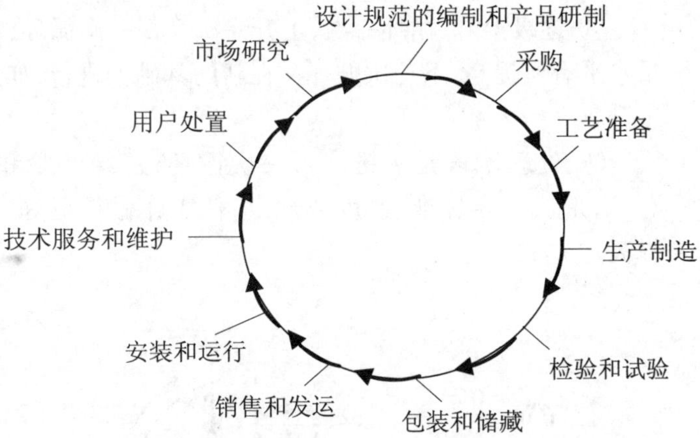

图1-3　国家标准GB/T19000—ISO9000质量环图

（二）品质控制的工作程序

品质控制的工作程序是PDCA循环法，它是在各个领域广泛使用的一项基本工作程序，由美国质量管理专家戴明博士最先总结出来，所以又称戴明环。在PDCA循环中，P（plan）是计划阶段，D（do）是执行阶段，C（check）是检查阶段，A（action）是处理阶段，如图1-4所示。

P阶段有四个步骤：

① 分析现状，找出所存在的质量问题；

② 找出产生问题的原因或影响因素；

③ 找出原因（或影响因素）中的主要原因（影响因素）；

④ 针对主要原因制定解决问题的措施计划。

D阶段有一个步骤：

⑤ 根据预定目标和措施计划来组织执行，力求实现。

C阶段有一个步骤：

⑥ 检查措施计划实施结果衡量和考察取得的效果，找出问题。

A阶段有两个步骤：

⑦ 总结成功的经验和失败的教训，并纳入有关标准、制度和规定，巩固成绩，防止问题再度出现；

⑧ 将本次循环中遗留的问题提出来,以便转入下一循环去加以解决。

PDCA循环的特点:

① 按一定顺序形成一个大圈,按四个阶段的顺序不停地转,说明品质控制是动态发展的,不能停滞不前。

② 大环套小环,在服装企业里,既有企业的整体PDCA循环,又有各部门、各科室、各车间的小范围PDCA循环。

③ 逐级上升,循环一次,上升一次。每一次循环,都解决一些问题,使质量水平有所提高,下一次循环又在新的基础上进行,如此递进,循环水平不断上升。

④ 处理阶段是关键。每一次循环,总结经验和教训最为宝贵,通过总结,形成一定标准、制度或规定,使工作做得更好,才能使品质水平不断提高。

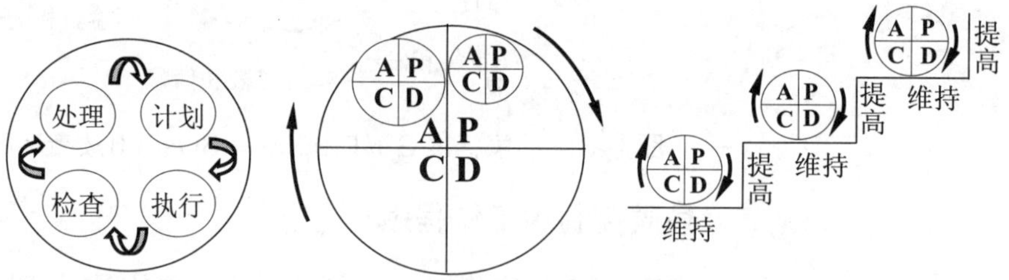

PDCA循环四阶段　　大环套小环　　PDCA循环逐级上升

图1-4　PDCA循环示意图

二、服装品质控制的统计分析方法

在品质控制过程中,面对纷繁复杂的质量数据,必须采用一定的科学方法,对其进行归纳整理,以便从中找出这些数据的规律,及时采取措施,以便有效地解决质量问题。常用的统计分析方法有以下几种。

(一)分层法(又称分类法、分组法)

分层法是将搜集来的大量纷繁复杂的数据根据不同的目的,按其性质、来源、影响因素等加以分类和分层研究的方法。这是一种基本的数据分析方法,从生产一线获取的大量质量数据,一般都必须首先经过分层方法,将其进行归类,然后再进行相关的处理。如表1-1为男衬衫质量调查表。

表1-1 男衬衫质量调查表

序号	质量问题名称	件数
1	上领左右不对称	13
2	领面织疵	10
3	下摆窄宽不一	5
4	钉袋过针	4
5	商标钉歪	3
6	袖口打裥进出	3
7	卜领接线双轨	2
8	合计	40

(二)排列图法(又称主次因素排列图)

排列图法是质量管理工作中常用的一种统计工具,是找出产品质量主要因素的一种简单而有效的方法。通过排列图法,将产品质量的影响因素排列、比较,从中找出主要影响因素、次要影响因素和一般影响因素,从而在有限的时间内抓住主要矛盾,尽快解决质量问题。图1-5是将表1-1的质量数据按照一定步骤制成的主次因素排列图。

制图步骤如下:

a. 决定数据的分类项目;

b. 确定某一时间,收集数据;

c. 按分类项目收集数据;

d. 画出横轴、纵轴;

e. 数据按从大到小顺序,画出直方形;

f. 用折线画出累计百分率;

g. 确定主次因素。

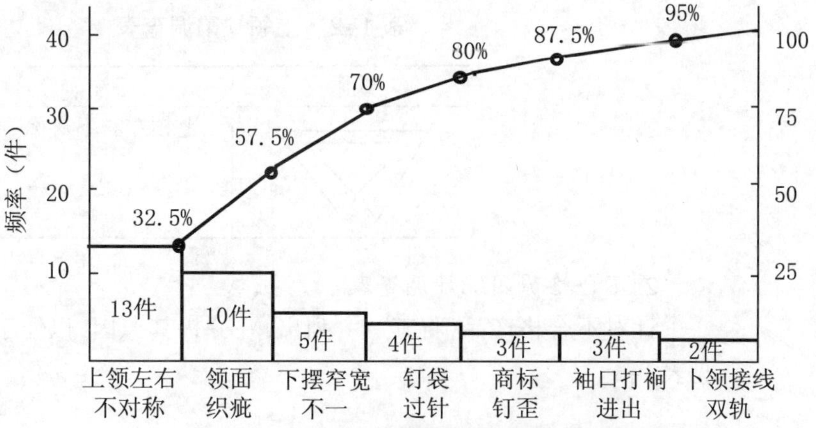

图1-5 男衬衫质量问题主次因素排列图

（三）因果图法（又称树枝图、鱼骨图）

因果图由特性、原因和枝干构成，可以表示因素之间的纵向的因果关系。对于质量问题，关键是通过统计分析，找出其背后的影响因素，从而解决问题。因果图法就是这样一种可以找出某个质量问题的影响因素的方法，而且可以找出影响因素后面的影响因素，直至影响因素的问题可以很快着手解决。图1-6是袖子止口宽窄因果图。

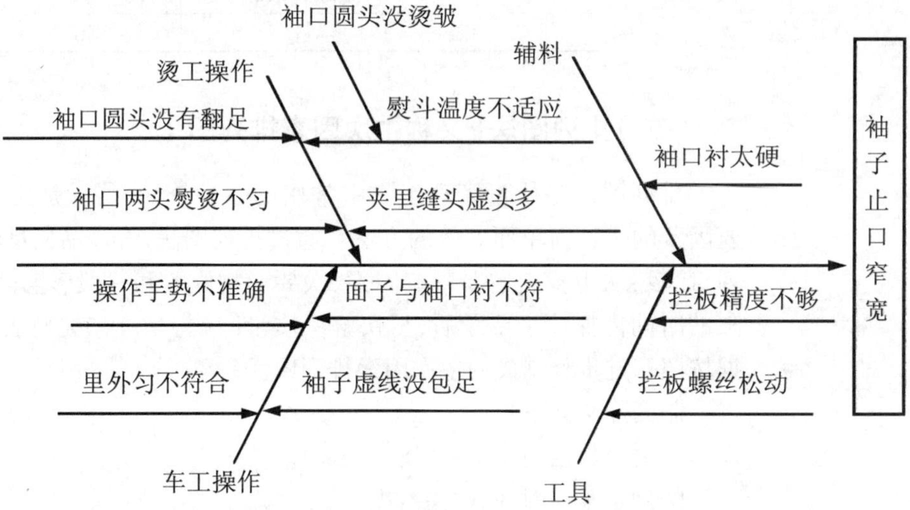

图1-6　袖子止口宽窄因果图

（四）调查表法（又称统计分析表、检查表、核对表）

1. 缺限位置调查表

一般对重要位置的缺陷，通过调查表，并用图示的方法标出，见表1-2。

表1-2　上领缺陷调查表

缺限	备注
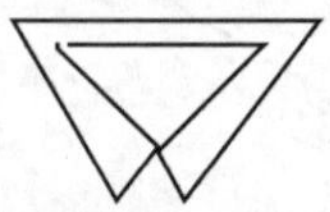	上领左右不对称

2. 不合格原因统计调查表

针对不合格产品，将其一一列出，并分析其原因，以便于解决质量问题，见表1-3。

表1–3　服装质量不合格原因调查表

项　目	原　因
领面疵点	面料织疵
服装表面泛黄	熨斗过热

3. 不合格项目分类调查表

按照服装品名类别分别统计不合格项目，以便对不同类别的服装质量问题做一统计、对比。见表1–4。

表1–4　服装不合格项目分类调查表

品　名	项　目	
	上领偏斜	袖口宽窄不一
男衬衫	3	5
女衬衫	4	2

（五）直方图法

直方图可以直观地表达长度、重量、时间、硬挺度等测量数据的分布规律，对于服装产品，一般用于表示衣长、胸围等规格尺寸数据以及一些性能指标的分布规律。通过绘制直方图，可以使难以找出规律的大量数据转变成简明易懂的曲线，既可反映整体状况，又可知道大体的平均值及不均匀的程度，如图1–7为直方图的示意图。

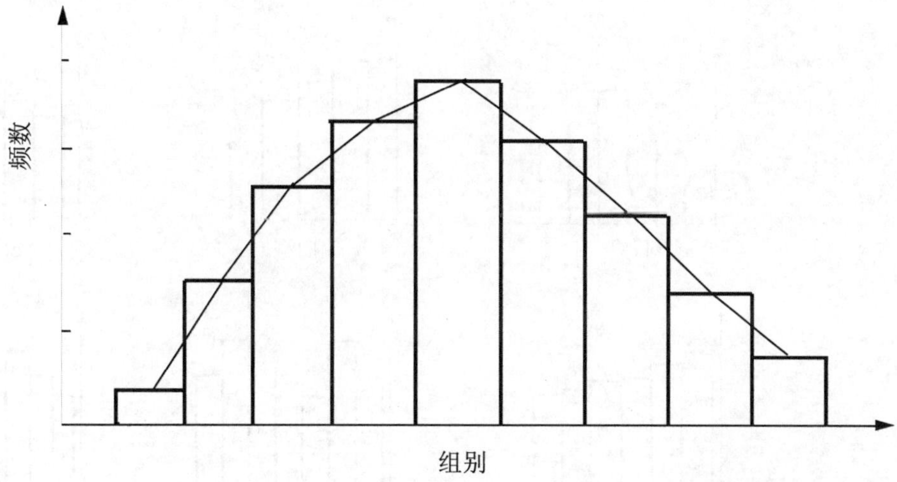

图1–7　直方图示意图

直方图的制作步骤如下：

1. 对测定数据分组

这一步骤是对大量数据归类，分组合适与否，影响直方图的图形，也影响对结果的正确判断。

组距 =（最大样本数据 — 最小样本数据）/ 组数

2. 整理各组数据的频数

分组后，对各组数据进行统计。

3. 以组距为底边，以频数为高做直方块，绘出直方图

根据数据状况及分组情况，直方图会出现以下几种形状（图1-8），如果测量的数据增加，分组越来越细，直方图还可以转化为光滑的曲线。对其图形、曲线及分布范围进行观察分析，可以获取有关数据的整体概况、分布均匀程度等信息。观察直方图时，应着眼于整个图形的形状，对于图形局部有些参差不齐可不必注意。

在图1-8中，a为对称型直方图，呈正态分布，如果数据分布范围在规定标准之内，则说明质量数据正常。b为偏向型直方图，直方形的图形侧向一边，多由操作者的习惯造成，如果数据分布在正常值范围内，则属正常分布。c为锯齿型直方图，是因为数据不足，或者分组太多，或者组距没有取数据最小示值单位的整数倍造成的，一般不是生产工序本身的原因。d平顶型直方图，是由某些缓慢变化的系统原因造成的。e为双峰型直方图，多因数据分组不当，使得两个不同分布的数据混在一起所致。f为孤岛型直方图，表明生产工序有异常情况，如加工条件发生变化，人员、材料或设备更换等。

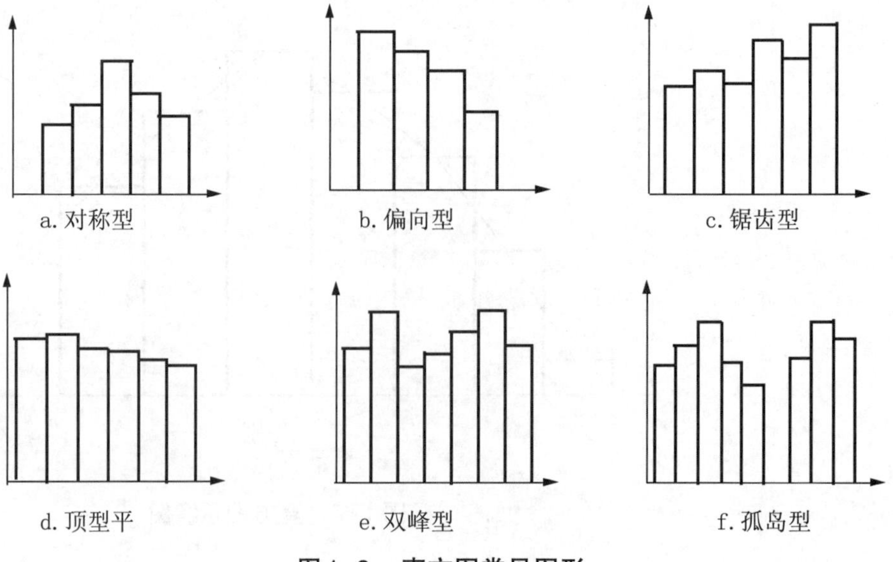

图1-8　直方图常见图形

（六）控制图（又称管理图，监视图）

控制图是设有控制界限的一种图表，是观察、掌握和控制生产过程中质量是否稳定、工艺过程是否正常的一种常用方法。

它具有以下几个作用：

① 反映质量的稳定性；

② 察觉质量的缓慢变迁；

③ 进行质量评比。

控制图按质量数据的种类可以分为两大类：一类是计量控制图，质量数据在标准线上下波动，具有上下两条公差线和控制线，所以又称为双控制图，见图1-9粘合机温度双控制图。另一类是计数控制图，用于控制产品的外观质量，这些数字不可能出现负数，数据只能在横轴以上波动，所以又称为单控制图，如图1-10所示单控制图。

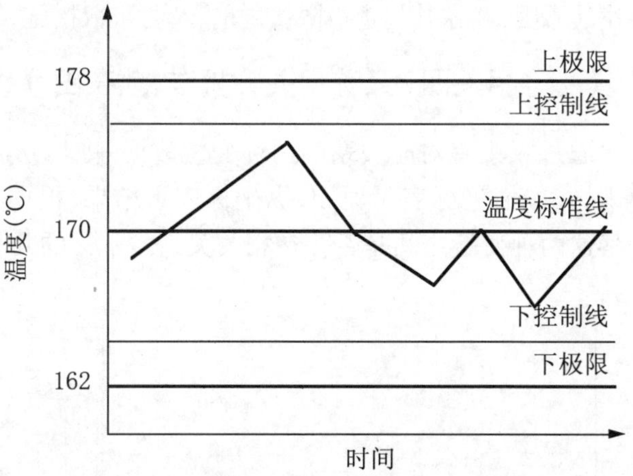

图1-9 粘合机温度双控制图

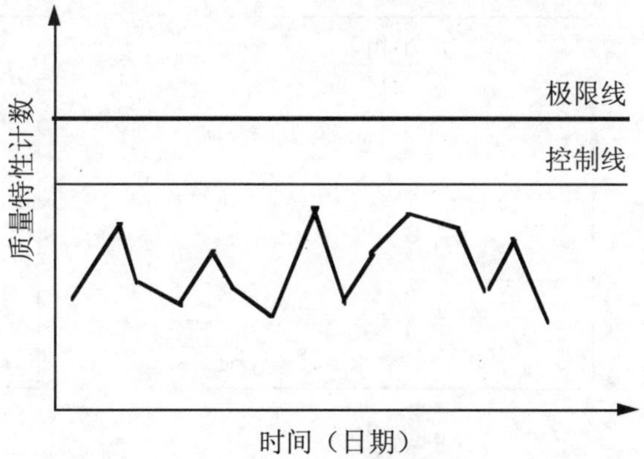

图1-10 单控制图

控制图的绘图步骤如下:

① 取横轴坐标为测试序号或时间,纵坐标为质量特性值。

② 平行于横坐标设一中心线,作为标准线。

③ 在中心线上下设极限。

④ 在极限线内设控制线。

根据统计经验,观察控制图的图形,可判断生产工艺质量的稳定程度和趋向。当控制图中折线上的各点在中心标准线上下波动,点子在中心线上下分布比较均匀,波动幅度小,说明生产工艺和质量是稳定的。当波动中心偏离标准线,说明精度较差,应进行设备调试或改进操作。计量控制图中点子的波动中心不与中心线平行,而是偏离中心线,并呈逐渐向下趋势,说明生产精度正在逐渐下降,应及时寻找原因,予以改进。理化性能的控制图,折线向上偏斜显示质量提高,计数控制图则向下偏斜显示质量提高,这时都应该总结经验,巩固成绩。当控制图中点子波动较大,并超越控制线,说明生产工艺及质量不稳定,应寻找其原因,并在其超越极限线之前,及时采取措施,解决质量问题。

(七)相关图(又称相关分析法,散布图)

通过收集有对应关系的两种变量数据,将其分别按横坐标与纵坐标表示出来,一般横坐标表示原因,纵坐标表示结果,根据直角坐标系上点的图形,观察这两种变量之间是否存在相关关系。常见的几种相关关系见图1-11。

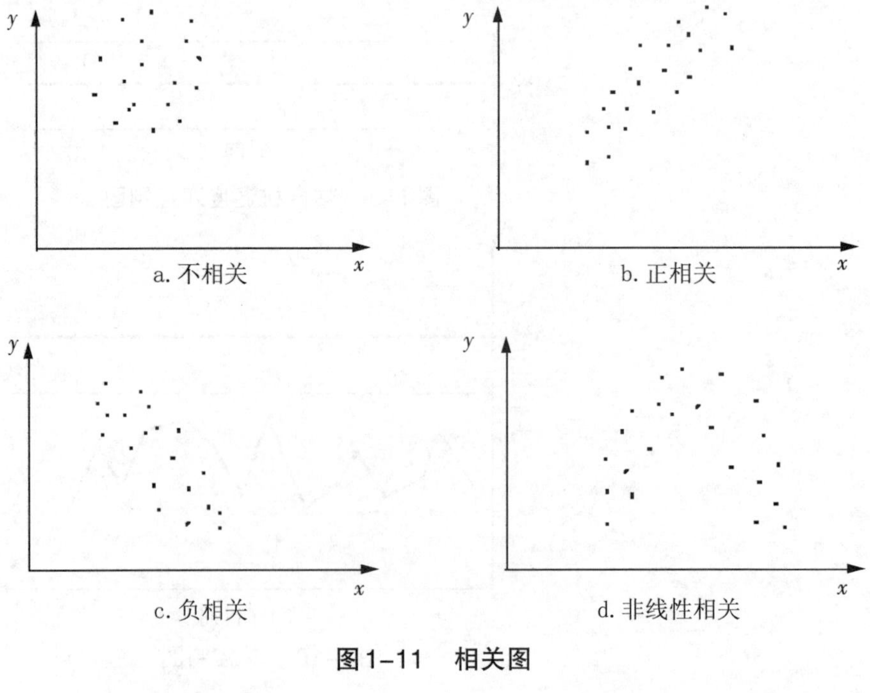

图1-11　相关图

第三节 服装企业的特点及品质控制的组织

一、服装企业的特点

服装企业的品质控制有别于其他行业，这是由成衣生产的特殊性决定的。在品质管理方面，服装企业具有以下特点：

① 产品生产周期短。服装产品的结构相对简单，而且流行周期短，这就使得无论是企业自行设计的服装产品，还是客户订单上的产品，都必须在较短的时间内生产出来。服装企业常常加班也是这个缘故，这就有可能使短时间制定的生产计划不够详尽，影响产品质量；或者为赶交货期而忽视了产品质量。

② 劳动密集，质量受人为影响较大。多人协作、流水线的生产方式，使得服装产品必须由多名工人、经过多道工序制作出来，其中还有一部分手工的劳动，因而产品质量受个人的影响较大。

③ 面辅料经常变化。同一类的面辅料，其加工性能也会稍有变化，不同类的面辅料变化更大。但因为时间紧，加工时往往会忽略这种变化，采取相同的生产工艺参数，从而影响到产品质量。

④ 某些服装产品的款式设计较为复杂，或者编制说明书不够完善，或款式设计有多种理解，总之服装产品作为艺术与技术的结合，其感性的一面往往造成不同人对设计和制作有不同理解，从而使得制作的产品不一致。

⑤ 服装产品中完全不合格产品很少。大部分不合格产品，可以通过返工修补得到改正，成为合格产品。当然，返修会降低生产效率，不是品质管理所提倡的。

二、服装生产工艺流程

服装企业的生产流程，从大的方面来说分为裁剪、缝制、熨烫三个工艺，按照具体生产内容，可分为以下几个生产环节：

服装生产准备—裁剪—粘合—缝制—熨烫—后整理—包装—储运。

三、品质控制的组织

（一）质量保证体系的概念

质量保证体系是指企业以保证和提高产品质量为目标，运用系统的原理和方法，设置统一协调的组织机构，把各部门各环节的质量管理职能严密地组织起来，形成一个有明确任务职责和权限的和互相协调、互相促进的质量管理有机整体。它是全面质量管理为用户服务的思想体系和发展。世界各国对质量保证一词的定义，在说法上略有差异。

美国质量管理协会的定义为：“质量保证是以保证各项质量管理工作实际、有效地完成，达到目的的活动体系。这个体系包括对质量管理计划妥善性与有效性的连续评价，包括必要时采取的修正措施。对于特定的产品和服务，则包括技术说明书、监督以及这种产品或服务的标准、生产、检验和使用有影响的质量因素的评价。”欧洲质量管理组织对质量保证的定义为：“为保证获得要求的质量，生产者对质量管理任务要进行综合监督。”日本质量管理专家石川馨教授认为：“消费者、用户能安心满意地购买，使用时感到放心和满意，并且能保证长期使用。”我国对质量保证的定义为：“企业对用户在产品质量方面提供担保，保证用户购得产品在寿命期内质量可靠。”

（二）质量保证体系的内容

质量保证体系是一种系统的质量管理活动，为了搞好质量保证，就必须在组织上保证和健全质量管理制度，并在生产过程中切实地执行和落实。

① 要有专职的质管机构，此机构应直属企业最高级领导，不受各车间部门的影响；

② 要规定各部门的质管权限、任务和职责，避免推诿、扯皮；

③ 要有一套质管的业务标准和工作程序；

④ 设置灵敏高效的质量信息反馈系统，这是质量保证体系得以运行的技术保证；

⑤ 如果产品需要有外协厂配合生产，还应组织外协厂的质量保证活动；

⑥ 开展质量控制（QC）小组活动，即由现场第一线干部和作业人员组成的人数较少的小组。以各自的负责人为中心收集现场第一线的各种质量问题，进行自主管理及采取改进措施。

思考与练习题

1. 请描述一下服装产品质量。

2. 请说明质量控制与质量管理（或品质管理）异同点。

3. 本章所讲各种质量控制方法，都适用于质量控制时的哪些场合？请介绍你知道的其他质量控制方法。

第二章　服装材料品质控制

材料是服装的物质基础。服装的品质问题，在相当程度上表现为服装材料的品质问题。只有控制了服装材料的品质，才可能对服装的品质进行控制。因此，应建立原材料品质控制制度，通过原材料的控制，既保证服装的美观、耐用，又考虑生产过程、包装和运输成本。

原材料入库时，应马上进行检验和测试。检验一般包括测量布匹的幅宽和长度、检查色差、布面疵点和手感，这些检查可以发现一些明显的问题。如果与合同要求相差太大，就没必要再进行测试，直接退货并要求赔偿。实验室检测主要是分析实物与先前提供样品的一致性，并对原材料的有关性能进行检测。这些检测大多具有破坏性质，一般在验货时无法获得。

第一节　面料品质控制

面料的特性很多，但只有与用途、需要有关的那些特性才构成质量。用途决定了其使用条件，使用条件不同，人们对面料质量的要求也不同。在进行面料质量控制时，必须考虑其用途的重要程度，以提高质量控制的效率和经济效益。

一、面料品质的基本要求

作为服用纺织品的基本条件，面料应该有一定匹长、幅宽，有一定强度等耐用性，颜色均匀并有一定色牢度，花纹图案符合要求，其他性能也符合要求等。

具体来说：

① 面料的匹长应符合订单要求，一般要大于27.4m（30码），实际匹长不应少于码单的1%。

② 面料上假开剪的数量应符合订单要求，布头、布尾4.6m（5码）以内不能有假开剪。

③ 面料的幅宽应符合订单要求。

④ 面料的前后色差、左右色差等应符合有关要求。

⑤ 与确认样相比，面料的色差必须在4级以上，匹与匹的色差必须在4级以上。

⑥ 面料的纬斜或纬弧必须小于2%~3%。

⑦ 100码^2（83.6米^2）的疵点评分应小于30或40。

⑧ 染色牢度、缩水率及其他测试要求应符合标准。

⑨ 面料的组织规格符合订单要求。

⑩ 面料的外观和手感符合客户要求或确认样。

二、面料品质控制的基本内容

面料品质控制主要包括规格参数、外观疵点、色泽及色牢度、性能四个方面。

（一）规格参数

指用于构成纺织品用途的一些外形规格及结构，对于面料的风格、性能，规格指标往往起决定性作用。

1. 面料的幅宽

一般指面料最外边的两根经纱之间与织物长度方向的垂直距离，称为实际幅宽（外幅幅宽）。不含布边的幅宽，称为有效幅宽（内幅幅宽）。一般幅宽多指前者。面料幅宽直接影响排料，因而是重要的检验项目。当面料幅宽低于标准要求，并且偏差超过了允许公差，就必须降等处理，向纺织厂家交涉。应根据服装裁剪要求，分别按不同幅宽排料裁剪。

2. 匹长

由于织物原料不同，匹长也不同，它直接影响排料效率。

从服装生产的角度，面料的匹长越长越好，但对于面料供应商来说，面料的匹长越长，对生产要求就越高。面料厂为了满足最小匹长，对一些疵点不开剪，仅在布边挂一色线作为疵点标记，即所谓的“假开剪。”假开剪会影响排料效率。因此对于最小匹长和假开剪的要求，服装厂在订购面料时就要和面料供应商确定。面料匹长的检验，就是要检查匹长和假开剪数量是否符合要求。

3. 重量

一般指单位面积重量和单位长度重量，以前者居多，又称为面密度。一些面料，因面密度不同，会影响其悬垂性、风格，也影响其价格。

在进行面料重量检验时，应将实际称重的每匹重量与吊牌所示的重量进行对比。毛、丝织物标准中，将织物重量的最大允许公差（%）作为品质评定的一个重要指标，织物品种不同，织物分等不同，所允许的重量最大公差也不同。毛丝织物的重量用每平方米的织物符合公定回潮率时的重量表示。棉、麻织物重量用每平方米织物的去边干重或退浆干重表示，是考核其内在品质的重要参考指标。有重量配额设限要求的国家，应按照具体要求检验重量。

4. 经纬密度与紧度

经纬密度与紧度是面料质量的一个重要指标，影响面料外观及风格。例如服装生产和使用中的勾丝、劈缝、拔丝等，都受密度和紧度的直接影响。织物密度既不能太大，也不能太小，要根据织物品种而定。染整以后的布与坯布相比，一般都是经向密度增加，纬向密度降低。若经纬密度低于允许标准并超过各档允许公差时，要作降等处理。

（二）外观疵点

主要是在生产过程中造成的，也有原料本身的质量问题及包装运输方面的问题。轻微的疵点会影响服装的美观效果，严重的疵点会缩短面料的使用寿命，甚至使面料失去实用价值。根据疵点形成的生产过程，可分为纱疵、织疵和整理疵点几大类；根据其影响程度和出现的状态，可分为局部性疵点和散布性疵点两类。

纬斜是由面料内应力所产生的一种常见疵点，表现为直线状歪斜（纬斜）和弧状歪斜（纬弯），严重影响着服装加工的品质，所以是重要的检验项目。一般从服装加工的要求来说，平纹纬斜不大于2%，横条或格子纬斜不大于2%，印染条格纬斜不超过1%。高档服装对纬斜的控制要求更高。

各类面料的常见疵点见表2-1。

表2-1　各类面料的常见疵点种类

面料种类	常见疵点种类
棉型面料	破洞、边疵、斑渍、狭幅、稀弄、密路、跳花、错纱、吊经、吊纬、双纬、百脚、错纹、霉斑、棉结杂质、条干不匀、竹节纱、色花、色差、横档、纬斜等
毛型面料	缺经、经档、厚薄档、跳花、错纹、蛛网、色花、沾色、色差、呢面歪斜、光泽不良、发毛、露底、折痕、边道不良、污渍、吊纱等
丝型面料	经柳、浆柳、箱柳、断通丝、断把吊、紧懈线、绞路、松紧档、缺经、断纬、错经、叠纬、跳梭、斑渍、卷边、倒绒、厚薄绒、横折印等
麻型面料	条干不匀、粗经、错纬、双经、双纬、破洞、破边、跳花、顶绞、稀弄、油锈渍、断疵、蛛网、荷叶边等
针织面料	云斑、横条、纵条、厚薄档、色花、接头不良、油针、破洞、断纱、毛针、毛丝、花针、稀路针、三角眼、漏针、错纹、纵横歪斜、油污、色差、搭色、露底、幅宽不一等

（三）色泽及色牢度

包括色泽、色差及染色牢度等。面料颜色应符合要求，与确认样的色差在四级以上，染色牢度也应符合要求。出现色差和染色牢度低的情况，除了与所用染料有关外，还与生产过程有很大关系，而且因为出现的面积大，其影响比外观疵点的影响更大。所以应把其作为重要品质指标来控制。

（四）性能

1. 伸缩率

伸缩率是面料的尺寸稳定性能指标，也反映了面料的加工性能。织物在受到水和湿热等外部因素的刺激后，纤维从暂时的平衡状态转化为较为稳定的平衡状态，在此过程中织物发生了收缩，收缩的程度就是收缩率。伸缩率会影响成品服装的尺寸，影响拼接部位的外观平整，当面料、里料、衬料的伸缩率不同时，会出现不平服、表面起泡、里子外露、反吐等现象，直接影响服装质量。根据伸缩的原因，可分为缩水率、熨缩率等。

① 缩水率。织物经洗水后引起尺寸的改变称为缩水，缩水的程度称为缩水率，它分为经向缩水率和纬向缩水率。在织物标准中，明确规定了各种织物允许的缩水率的范围。可以通过缩水实验获得缩水率数据。

② 熨缩率。大部分服装需要经过整烫，面料受热以后会产生收缩，影响了服装的尺寸稳定性，进而会影响服装外观。熨缩率又分为干烫收缩率和湿烫收缩率。

2. 强度

染整织物的强度是很重要的指标。一般染整加工过程中，除了棉布的丝光和树脂整理等少数工艺外，其他工艺环节或多或少都会使织物强度下降。因染整后是经密增加，纬密减少，因此染整后的布与原坯布相比，一般是经强升高或降低的幅度较小，而纬强降低的幅度较大。影响织物成品强度的因素，有坯布强度、染整过程中的加工因素、染整成品本身的回潮率等。有些材料还要考虑湿态下的强力，如棉型粘胶织物。

3. 强伸度

有些织物不仅要求要有一定强度，还要在一定强度下有一定拉伸性，以满足不同服装的要求。

三、面料品质的检验方法

面料的品质特性，有些可直接从外观上通过人的视觉、触觉等器官的感觉反应来辨别判断，有些则需要通过穿着或使用或再加工才能表现出来，对它们的测量需借助模拟各种穿用或加工条件的仪器。在面料的品质检验中，规格参数及性能指标主要依靠器械检验，外观疵点主要依靠观感检验，色泽及牢度则需依靠理化检验与观感检验相结合。

（一）织物的匹长、幅宽、疵点等可利用验布机或验布台进行检验

验布机要求有可变速控制装置，根据不同面料及质量调整验布速度；要有投影光源，日光灯应挂在槽形导光装置内，避免光源四处散发，影响采光效果；要有码数计数器；针对针织物或弹性织物检测时应有超喂装置，以保证针织物和弹性织物的准确测长。检验应在良好的自然光和标准的人工光线下进行，一般为750lex。检验选用的面料布卷应能代表所有颜色和同一颜色的各批量。

1. 匹长

将需要检验的面料，在松弛状态下放在温度20±2（℃）、相对湿度65±2（%）的标准环境下，一般放置24h。卷装面料的匹长在验布机上进行复核，验布机的码数计数器可以反映出长度数量，一般精确到毫米。对于折叠包装的面料，应先用量尺在折叠料的中部测长，如果匹长不超过120m，应均匀地测量3次，如匹长超过120m，应均匀地测量5次，以此求得折叠长度的平均数，再数一下全匹折叠层数，并测量剩余不足一折的头尾端长度，按式（1–1）计算出匹长：

匹长（m）=折叠长度平均数 × 折叠层数+
不足一折的头尾端长度 （2–1）

（精确到mm，四舍五入至cm）

2. 幅宽

将需要检验的面料，在松弛状态下放在温度20±2（℃）、相对湿度65±2（%）的标准环境下，一般放置24h。非标准环境条件下测出的幅宽，应用修正系数修正。使钢尺与被测织物边保持垂直，每隔相等距离测量幅宽一次，精确至0.1cm。测量次数视被测织物长度而定（5m以上至少测5次，0.5~5m至少测4次），第一次和最后一次的测量部位不能在被测织物首尾两端长度的1/5范围内。求出所测面料幅宽的平均值，以及幅宽的最大值和最小值。如幅宽差距在0.5cm以上者，应在原材料上标明，并点校后单独堆放，发料时应按最小门幅发料。如幅宽差距在1cm以上者，同时窄宽长度比在2∶1或3∶1的情况下，可以冲断后按实际门幅计算，并应在每匹上注明幅宽。

3. 外观疵点

对织物疵点的评分规定可按照有关国家标准进行，此时面料外观疵点的检验，以熟练检验者的目光检验为主，并结合规定限度的标样进行比较和评定。在国际贸易中，广泛采用一种“四分制”的检验方法，实用性和可操作性

都很强。四分制是将目测到的疵点进行量度,并按照表2-2规定进行扣分。

根据扣分情况,用100码^2(83.6m^2)的疵点评分(K)表示某匹面料的品质状况。公式如下:

$$\text{机织物}\quad K=\frac{\text{疵点扣分累计}\times 36}{\text{被检布匹的长度(码)}\times\text{幅宽}}\times 100\% \tag{2-2}$$

$$\text{针织物}\quad K=\frac{\text{疵点扣分累计}\times\text{面密度(g/码}^2\text{)}}{\text{被检布匹的重量(g)}}\times 100\% \tag{2-3}$$

表2-2　四分制扣分标准

疵点尺寸	扣分标准
小于3英寸(7.62cm)	1
大于等于3英寸(7.62cm),小于6英寸(15.24cm)	2
大于等于6英寸(15.24cm),小于9英寸(22.86cm)	3
大于等于9英寸(22.86cm)	4

在确定K值时,应考虑品种的特点,生产难度大的品种,相应疵点发生的可能性就大,K值应稍高一些;K值还与面料的价值有关,高价值的面料,其K值理应较低;最主要的,K值应符合客户的要求,K值的确定应是面料供应商与服装厂家达成的共识。一般,常规面料的K值可取不大于25,对于生产难度大的面料,K值可取25~30。

4. 纬斜

纬斜和纬弯的具体种类如图2-1~图2-4所示:

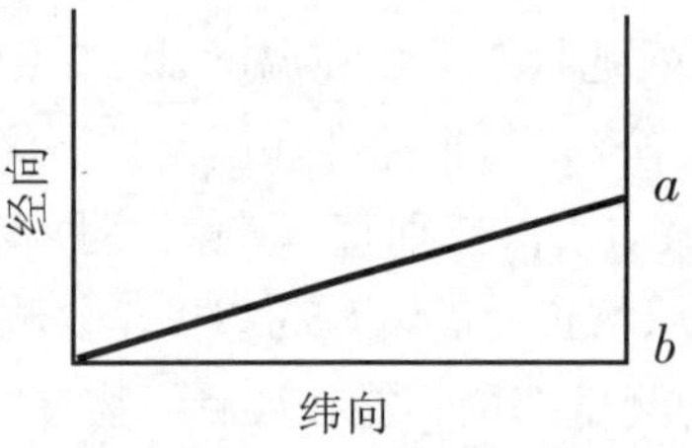

图2-1　纬斜

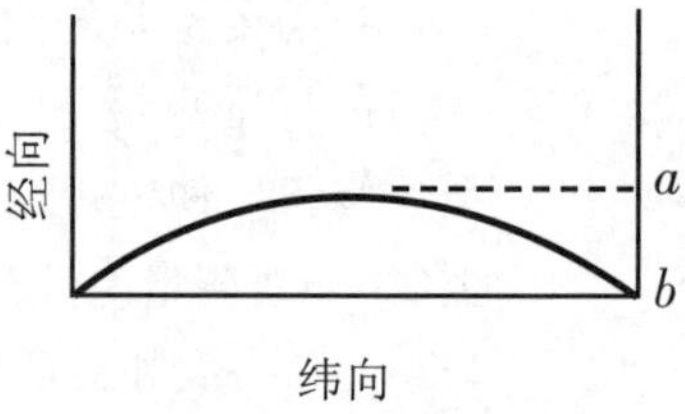

图2-2　弓形纬弯

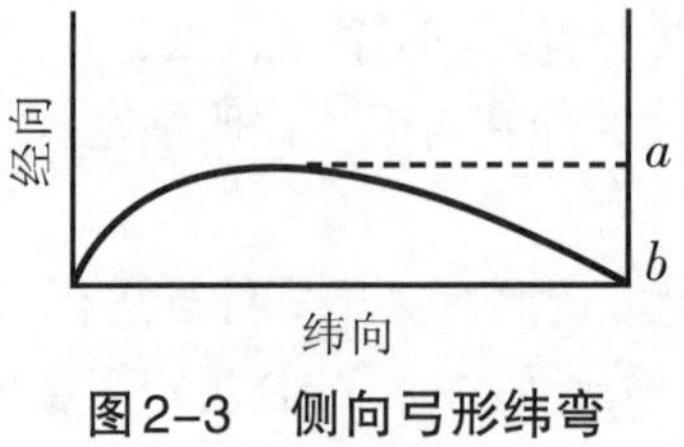

图2-3　侧向弓形纬弯

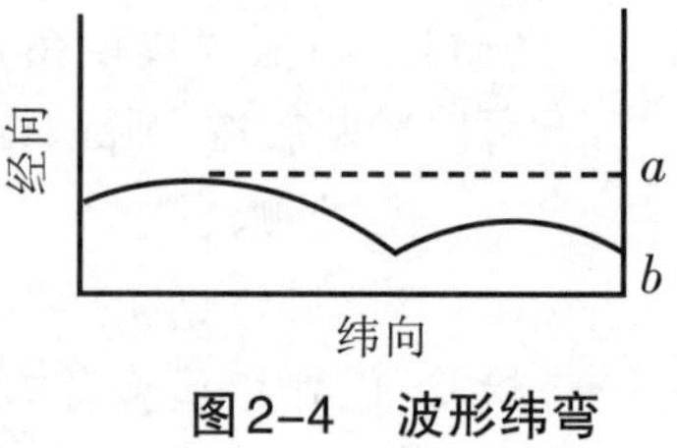

图2-4　波形纬弯

纬纱偏离的最大距离，就是纬斜的程度，称为斜度，如图2-1~2-4中a、b间的距离。根据公式（2-4）计算出纬斜：

$$纬斜=\frac{斜度}{幅宽}\times 100\% \tag{2-4}$$

（二）面料的颜色、色差和色牢度

面料的颜色是决定织物外观质量和花色品种的重要因素，其测量主要有目视评定和仪器测量两类方法。颜色测量目前主要是分光光度计或光电测色计。服装厂对各种颜色和色光的测试，常常根据标准色样，利用比较法来进行的。

对漂白织物白度的好坏，除用比较法评定外，还可用白度计直接进行测试。

色差，包括面料颜色和确认样间的色差，同一匹布前后段和左右段的颜色差异，不同匹布之间的色差。在国家标准中被列为分散性外观疵点，可按标准色卡，根据其严重情况进行评分定等。服装厂也常以布板为标准，将货品与布板比较。

在颜色、色光及色差的检验中，要考虑到光源的问题，因为气候、地点和时间等光源条件的变化，有可能使评估结果产生较大偏差，所以在颜色的评估中标准的人造光源被广泛地采用。有条件的话，有关颜色的检验可在灯箱中进行，无条件的话，可在自然的北向光下进行对色评级。

染色牢度需用多项指标来反映，主要有日晒牢度、熨烫牢度、摩擦牢度（分干摩与湿摩）、汗渍牢度、皂洗牢度、洗涤牢度等。一般染色牢度的好坏分为5级，日晒牢度分为8级。1级最差，级数越高表示染色牢度越好。不同织物根据其用途不同，对其染色牢度要求也是不同的。例如做内衣用的织物因贴身穿着，经常洗涤，要求汗渍牢度和皂洗牢度较高；外衣料则要求日晒、摩擦、皂洗等方面的牢度要高；里料经常与面料、内衣或人体皮肤产生摩擦，对摩擦牢度要求高，耐晒牢度则要求不高。

对于服装产品主要考虑洗涤、熨烫及摩擦色牢度，洗涤色牢度分水洗及干洗两种，水洗色牢度又分为清水洗和皂洗两类；熨烫色牢度的测试分干法及湿法两种试验法，熨烫温度可根据材料耐热程度分5级测试，即200℃、180℃、160℃、140℃及120℃；摩擦色牢度亦可分为干、湿两种方法。织物染色牢度测试指标一般分五级，可根据《GB/T 250—2008染色牢度褪色样卡》进行评定等级。

① 熨烫色牢度的测试。染色织物通过熨烫，有时会出现变色或褪色，这

种变色、褪色是以对其他织物的沾色程度来确定的。测试分干法试验和湿法试验两种。在湿法试验中，又分为强试验和弱试验两种，而每种试验以不同的温度分成5个试验。在实际应用时，可根据试验的要求在这些方法中进行适当选择。测试方法如下：

采样：在需要测试的面料上，距离布边5cm处取5cm×5cm作为试样，共取5块（数量可根据试验的要求和项目决定），再准备同样面积的白棉布若干块，作为沾色用。电熨斗的表面温度必须能够在120～200℃的范围内调节到要求温度±5℃的水平。而电熨斗的自重按底面折算成织物承受压力约为1.96～2.94kPa（20～30gf/cm^2）。试验温度：熨斗的熨烫温度分为5级：A号—200℃，B号—180℃，C号—160℃，D号—140℃，E号—120℃；正负误差为5℃。

试验方法分干法试验和湿法试验两种。

干法试验。将白棉布平铺于熨烫台上，然后将试样与白棉布正面相对复合，再将熨斗温度调至规定温度，在试样上放置15s。然后将试样和白棉布按不同的温度编上号，并放在暗处4h后与原样对比。按《GB/T 250—2008染色牢度褪色样卡》的规定评定其色牢度。

湿法试验：分强试验和弱试验两种。

a. 强试验。将白棉布平铺于熨烫台上，在上面放上含水100%的试样，试样与白棉布的正面复合，再在其上面放上含水100%的白棉布，然后用调至规定温度的熨斗熨烫，再按不同的温度编上号。

b. 弱试验：在熨烫台上铺上白棉布，将试样与白布正面相对复合，然后在上面放上含水100%的白棉布。再用调至规定温度的熨斗放置15s，将染色布和试样布按不同温度编上号。

试验后将染色布晾干，与原样进行对比，按《GB/T 250—2008染色牢度沾色样卡》进行评定。

② 洗涤色牢度的测试。分为水洗和干洗两种。

染色织物的洗涤色牢度试验，可将试样与沾色布缝在一起，然后放在清水或一定温度的洗涤液中，在机械或人工搅拌下，按规定的时间和浸渍、洗涤条件试验后，观察其沾色程度。根据纤维种类和沾污程度的不同，可采用不同的方法和条件进行测试。

采样：在布匹距头、尾部1m处，分别在门幅的中间和边道位置处，剪取5cm×10cm试样各2块（印花布类，应按花布的各种颜色取全），并取同样大小的白棉布与试样布正面复合缝住。

测试条件：在水温50℃的水里加洗涤剂（无增白剂）或皂粉5g，浴比为50：1，浸渍时间10min。

测试方法：将试样放入洗涤液中，用机械或手工搅拌，也可将试样往复搓洗10min后用清水漂清，随后晾干（如烘干，温度不可超过60℃），通过原样和试样褪色后的色差，未沾色白布和沾色白布的色差的对比，按《GB/T 250—2008染色牢度褪色样卡》进行评定。

如作清水试验，可不用50℃温水，改用常温清水，不加洗涤剂，其他条件可按上述办法测试。

③ 摩擦色牢度的测试。分为干、湿摩擦色牢度两种。干摩擦色牢度是用干漂白布摩擦染色织物后，观察白布沾色情况。

采样：在布匹距头、尾部1m处，分别在门幅的中间和边道位置处，剪取8cm × 25cm 试样2块。并准备5cm × 5cm漂白平布。

测试条件：摩擦头的垂直压力为9N，直线往复动程为100mm，往复速度为60次/min。测定湿摩擦牢度时，摩擦头上的白布应先在蒸馏水中湿透，去掉多余水分，使含水率达到100% ± 5%。

测试方法：将试样铺平在摩擦牢度试验仪的试样台上压牢，把漂白平布固定在摩擦头上。漂白平布经纬方向与被测试样的经纬方向相交成45°角。按照规定要求，摩擦头在试验布上来回摩擦10次，每次来回约1s。每块试样应在经向正面磨3次，最后按“染色牢度沾色样卡”评定等级。湿摩擦牢度的实验方法同干法，评级需等干燥后进行。

（三）其他性能测试

1. 伸缩率

织物的伸缩率大小主要决定于织物原料的特性及其加工过程的方法和处理手段。不同织物易产生的伸缩不同。对于合成纤维织物主要是热伸缩，天然纤维及人造纤维织物主要是湿伸缩，缩绒仅存在于毛织物，所有纺织品材料在机械力的作用下都可能产生伸缩。纺织品伸缩性大小可用缩率来表示。缩率公式见（2–5）：

$$缩率 = \frac{测试前试样的长度（宽度）- 测试后试样的长度（宽度）}{测试前试样的长度（宽度）} \times 100\% \quad (2\text{–}5)$$

缩率值大于零，即该材料有缩份；缩率值小于零，即该材料有伸长，这种情况在服装材料中较少见。伸缩率包括：

① 自然伸缩率。指织物没有任何人为作用和影响，在自然状态下产生的伸缩变化。伸缩率的测试方法如下。

自然缩率测试方法是首先将原料从仓库中取一个包装中的一匹，打开后，选择该匹布的头、中及尾部位，再在其左、中及右三处作好长度记号，随后将整匹原料拆散抖松，在没有任何张力下，室内静放 24 h，随后对记号进行复测，即可计算出材料的自然缩率大小值。服装材料自然缩率一般很小，可忽略不计，但对于弹性材料、特殊结构材料及内应力较大的材料，可适当考虑。

在机织物中产生这种收缩的情况较多，在针织物中，由于针织物是由屈曲的纱线缠绕而成的，故在剪切后，常因失去线圈的相互牵引而产生伸长，并且不同纤维织成的材料，伸缩情况也不一样。

② 湿热伸缩率。指织物在水浸、喷水、干烫、湿烫等加工处理中产生的伸缩变化。采样时要去除布匹的头端与尾端1m以上，取50cm长的布料，除去两布边，进行测试。

干烫伸缩率。织物在干燥情况下，用熨斗熨烫，使其受热后产生收缩的程度。

湿烫伸缩率。织物在湿条件下进行熨烫产生的伸缩率，包括喷水熨烫和盖湿布熨烫两种测试方法。

浸水伸缩率。织物完全浸泡在水里，充分吸湿后产生的伸缩。

a. 干烫收缩率的测试。干烫缩率是指织物在干燥情况下，用熨斗熨烫，使其受热后产生收缩的程度。测试方法如下：

采样：在布匹的头部或者尾部除去1m以上（因开始织布时的张力有显著变动，要从头部除去数米），随后取50cm长的布料，除去布的两边道（因两边道的张力与门幅中部的张力有差异，会影响测试的准确性，如针织物、静电植绒类织物两边应除去10cm），并记录好长度和宽度数据。

干烫温度条件：

印染棉布 190 ~ 200℃；

合成纤维及混纺印染布 150 ~ 170℃；

粘纤印染布 80 ~ 100℃；

印染丝织布 110 ~ 130℃；

毛织物 150 ~ 170℃。

干烫时间：分别按各类织物的温度条件，在试样上熨烫 15 s后，待冷却。

测试：待凉透后，测量试样长度和宽度，然后计算该织物的收缩率。计算公式见式（2–6）

$$\text{干烫收缩度}=\frac{\text{干烫前织物长度（宽度）收缩量（cm）}}{\text{干烫前织物长度（宽度）（cm）}}\times 100\% \qquad (2\text{–}6)$$

b. 湿烫收缩率的测试。湿烫收缩率是指织物给予水分进行熨烫所产生的收缩率。湿烫收缩率测试方法，按工艺不同可分为喷水熨烫测试法和盖湿布熨烫测试法两种。

a. 喷水熨烫测试法

采样：在离布匹的头部或尾部1m以上处，并除去布的两边道，取长度50cm作为试样。

温度条件与干烫测试法相同。

湿润条件：在试样上用清水喷湿，水分布要均匀。

熨烫要求：用熨斗在试样上往复熨烫，时间控制在熨干为宜。

测量和计算：待试样晾干后，测量其长度和宽度，并计算收缩率。计算公式见式（2-7）

$$湿烫收缩度=\frac{湿烫后长度（宽度）收缩量（cm）}{湿烫前试样长度（宽度）（cm）}\times 100\% \tag{2-7}$$

b. 盖湿布熨烫测试法

采样：与喷水法相同。

温度条件：与喷水法相同。

湿润条件：用一块去浆的毛白平布清水浸透，并拧干备用。

熨烫要求：把湿布盖在试样上，按照温度条件，用熨斗在试样上来回熨烫，时间控制在盖布熨干。

测量和计算：把凉透后的试样测量其长度和宽度，并按湿烫收缩率的计算公式计算收缩率。

c. 水浸收缩率的测试。水浸收缩率即缩水率，是指让织物的纤维完全浸泡在水里，给以充分吸湿而产生的收缩程度。测试方法如下：

采样：方法与干烫法相同。

试验条件：将试样用60℃的温水给以完全浸泡，用手搅动，使水分充分进入纤维，待15min后取出，然后捋干，在室温下晾干（不可拧）。

此项试验也可用洗衣机进行测试。以家庭洗涤为例，首先采样，在试样上做标记，采用我国标准中规定的卧式转鼓型前装料式洗衣机，干燥设备为翻滚式烘干机或烘箱，根据面料的纤维种类和染色牢度，选用所需的洗涤程序（共10种）和干燥方法（共6种），进行试验。

测量和计算：测量其试样（或试样上标记）长度，然后计算缩率。计算公式如（2-8）：

$$缩水率=\frac{测试前试样长度（宽度）-测试后试样长度（宽度）}{测试前试样长度（宽度）}\times 100\% \tag{2-8}$$

通常，涤棉布经、纬向的缩水率应小于1%，15tex以上府绸布料经向缩水率小于4%，纬向应小于2%，毛呢料经、纬向缩水率应小于2%。

如果测得的缩水率在一定要求范围内，可以预估成衣洗涤后的最大尺寸变化，可按测得的缩水率适当修改服装样板，以保证成衣规格要求。

如果测得的缩水率在一定要求范围内，但每匹布各不相同，就必须根据各自缩水的情况，制作适合各自缩水率的服装样板。

如果测得的缩水率超出订单约定范围，就可将面料退回厂家或要求索赔。

2. 缝缩率

缝缩是指织物在缝制过程中，由于缝针的穿刺作用，缝纫线张力及线迹结构作用，布层的滑动及缝纫线挤入织物的原因，使材料产生横向或纵向的变化现象。其变化程度可用缝缩率来表示。服装材料缝缩起绉现象是影响服装产品质量的重要原因之一，了解材料缝缩率对正确制定生产工艺技术文件起指导作用。缝缩率测试方法如下：

取样：取被测材料试样 6 块（长 50cm，宽 5cm），如图 2–5 在试样上做好标志，并作好记录。

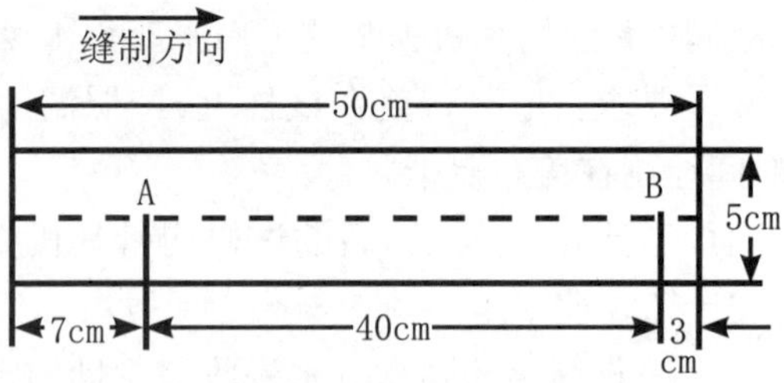

图2–5　缝缩率测试试样图

缝制条件：将同向的两块试样重叠，按规定的缝制要求（即缝针、缝线规格、针迹密度和底面线的张力大小），在不用手送料的情况下，缝合试样中间的直线，沿试样中间处缝纫 40cm 长的线迹。

测量和计算：测定试样缝制前、后记号 A、B 间的长度（一般下层布料缝缩较大，故以下层布料作为评定对象），取试样上三个部位的平均值，计算缝缩率。见式（2–9）

$$\text{缝缩率} = \frac{\text{测试前试样长度（宽度）} - \text{测试后试样长度（宽度）}}{\text{测试前试样长度（宽度）}} \times 100\% \tag{2-9}$$

缝缩率大小主要取决于材料特性、缝线张力、线迹结构、压脚压力等因素。

3. 强度和强伸度是反映面料的耐用性指标

① 拉伸强力。拉伸强力是反映面料内在质量的重要指标，常用断裂强度、断裂长度、断裂伸长率等指标。断裂强度常用来评定面料经过日晒、洗

涤、磨损以及各种处理后对材料内在质量的影响。有时用断裂长度来作为控制面料内在质量的指标。一般用强力试验机进行面料的拉伸断裂试验。试验时常用的机织物试样及其夹持方法有：扯边纱条样法、剪切条样法和抓样法。对针织物一般采用梯形试样或环形式样。

② 撕裂强力。织物在穿用中，由于被物体勾住或局部握持，在织物边缘某一部位受到集中负荷作用，使织物内部局部纱线逐根受到最大负荷而断裂，结果撕成裂缝的现象。织物抵抗撕裂的最大能力称为撕裂强力。通常织物的撕破强力是反映染整产品耐用性的重要指标。它与拉伸强力相比，更接近面料做成成衣后实际使用中的情况。对抗性运动的运动服、军服、训练服及野外作业服的面料，撕裂强度都是其主要的检验项目。一般针织物不做此项检验。根据取样、夹持方法及实验仪器的不同，面料撕裂强度的试验方法有：单舌撕裂法、梯形撕裂法和单缝落锤法。单舌法在三种方法中最为精确，另两种方法测试精度大致相等。

③ 顶破强力。顶破强力指织物抵抗集中的垂直于织物平面的负荷作用的能力。某些小件制品（ 如手套、袜子、鞋面 ）和针织物，撕裂强力是其强力的重要表现形式。目前，我国把顶破强力作为考核部分针织物品质的指标。测试织物顶破强力主要有弹子式顶破和气压式顶破两种方法。后者的试验结果更稳定，尤其适用于各项受力均匀的织物的顶破强力测定。

四、面料品质的检验步骤

面料检验的目的，主要是按照定购单检查面料的质量和数量是否符合合同规定。一般分为以下几个步骤：

1. 确定检验的数量

面料检验需花费一定的时间成本、人工成本和经济成本。面料的价值不同，预知的质量情况不同，抽样的比例也不同，一般来说，服装供货商应当对总交货量的至少10%的产品进行目测检验。如果疵点率较高，则应再多检验15%的布卷，如果还不能通过检验，则应当拒收此批货物，或者对此批货物进行全面检验。毛料织物或毛混纺高档产品等价值较高的面料，检验比例可达100%。

2. 按照确定的抽检比例进行抽样

如果面料有不同颜色，应尽可能保证受检面料含有每一种颜色。

3. 检查规格参数等基本物理指标

先检验幅宽、匹长、重量、经纬密度和紧度、花型颜色等，如果这些基本项目不合格，就没必要再检验疵点、色牢度和性能等指标，可立即将其归入不合格布匹。

4. 检查数量

核对实际总数量与订单是否相符，还要考虑匹长与假开剪的问题。一般数量允差不超过1%。

5. 检查疵点，并作出标记

按照前面所述方法，准确记录疵点情况，并进行评分。对不同面料不同疵点，采用不同方法标记。一方面便于织物或裁片的修整，另一方面，当面料裁定为不合格退货时，也便于向供货方说明疵点情况和退货理由。

6. 测试面料有关性能

根据订单要求，对面料进行相应性能测试，并与标准性能指标相比较，确定性能是否满足要求。

7. 统计不合格布匹的数量

根据抽样数量和检验结果，决定该批布是否合格。

进行各种检验后，遵循面料品质控制的基本原则，不合格的面料不开裁。不合格的面料，应向面料供应商退货和索赔。

五、面料的品质判定

（一）棉布

大多数棉布，要经过染整等工序处理，因此在其物理指标中，受染整处理影响的幅宽、密度、强度及强伸度、缩水率等都需进行检验。幅宽要检查是否出现幅宽下偏差；密度要检查经向密度是否增加，纬向密度是否降低；检查强度是否出现下降；检查缩水率是否在规定范围内。如果各项指标低于允许标准并超过各档允许公差时，要作降等处理。

印染棉布应检查色泽、色差和色牢度，具体表现在颜色色光的纯正、光泽的好坏、有无色差以及颜色与织物结合坚牢程度等。

棉布的外观疵点，包括本色棉布上的坯疵及在印染过程中造成的印染疵点，主要有破洞、破边、斑渍、狭幅、色条、横档、边疵、花条、深浅细点、色差、纬斜、花纹不符等。

（二）呢绒

呢绒的品质判定内容和染色棉布相仿，这里着重介绍其品质判定的不同之处。呢绒的物理指标中需检测含油脂率、植物纤维含量、毛绒高度、含毛量等指标。这与羊毛纤维的特点有关。

含油脂率反映了羊毛纤维中油脂的含量，它影响呢绒的手感及柔软度，含油脂度一般愈低愈好，超过标准允许值需扣分。其计算方法见式（2-10）：

$$含油脂率 = G_1/(G_1+G_2)\times 100\% \quad (2\text{–}10)$$

其中：G_1为试样中提取的油脂重量；G_2为提净油脂后试样重量。

织物纤维含量是针对毛织物中混有植物纤维所作的一个鉴定。其试验方法是用烧碱将羊毛完全溶解，滤出织物纤维素并烘干，称其重量，并与试样的总重量相比，以求出织物纤维含量的百分比。对于毛混纺织物或交织物，植物纤维的含量超过允许上公差时应扣分降等。纯羊毛呢绒则不必作此项鉴定，其他纤维与羊毛交混的产品也可参照本方法鉴定。

毛绒高度是专门针对长毛绒布的一项鉴定项目。鉴定方法是在离布边16cm以上的地方，测量由织物表面到绒底的垂直高度，以毫米为单位。一般长毛绒规定的毛绒高度是9mm，过高过低都是不适宜的。过高则绒头易倒下、压平或相互纠缠；过低则失去长毛绒应有的外观使用价值。

含毛量是专门针对长毛绒和驼绒布的鉴定项目。这类织物多用棉纱作为织物底板，以经向毛纱作为绒面，毛纱的用量，直接影响保暖、柔软、绒面丰满等使用价值及外观。鉴定方法是将试样修剪成为至少10cm×10cm的布块，经纬向均须为一个完全组织的整倍数，测量经纬向长度及重量；然后将经纬棉纱和毛经纱分别拆开，各称其重量；在毛纱拆开前后重量接近（不超过±1%）情况下，将棉纱与毛纱烘干，称得重量，计算出含毛量和含毛率。含毛量低于技术条件规定的数量时，则要按检验标准的规定扣分降等。计算公式见式（2–11）、（2–12）：

$$每平方米的含毛量(g) = [烘干后毛纱重量(g)\times(1+16\%)\times 10000] / [经向长度(cm)+纬向长度(cm)] \quad (2\text{–}11)$$

式中“16%”是精梳毛纱的标准回潮率。

$$含毛率(\%) = 烘干后毛纱质量(g) / [烘干后毛纱重量(g)+烘干后棉纱重量(g)] \quad (2\text{–}12)$$

呢绒色泽牢度除与棉布一样应具备耐日晒、皂洗、汗渍、摩擦、熨烫等牢度外，还规定了耐水浸牢度及耐干洗牢度两个鉴定项目。试验方法与其他色牢度试验的原理相似。

呢绒的外观疵点大多是在生产过程中造成的，具体包括厚段、薄段、补洞痕、起毛或剪毛的露底、钳草屑造成的露底、钳损、小辫子纱、折痕、条痕、呢边针眼针锈、水印、缩呢过度等。这些外观疵点均是呢绒独有的，其他如棉布上的纱疵、织疵以及印染疵点，在呢绒上虽叫法不完全相同，但也都可能出现。

（三）丝绸

丝绸的物理指标中，除了长度、幅宽、重量、密度外，经纬向强伸度、缩水率亦被列为评等的项目。

丝绸的色泽和炼度虽然属于“外观”范畴，但其重要性比一般疵点更为突出，故另外列出。色泽属于目光性疵点，通常采用与原样色泽对照的方法作主观鉴定；炼度与丝绸的精炼脱胶程度有关，炼度不好则往往引起绸身发硬，缺乏丝绸应有的柔软度和光泽，鉴定的方法与色泽相同。

丝绸的色泽牢度一般比色布差，甚至比呢绒差。鉴定的项目包括耐日晒、耐皂洗、耐摩擦、耐汗渍等，鉴定方法和棉色布相仿。本色柞丝绸的色泽牢度可以不鉴定。

丝绸的外观疵点按两类评分，第一类为外衣用织物和装饰用织物，第二类为里料用织物。评分尺度一般是第一类严于第二类，疵点项目可分为局部性和散布性两部分。局部性外观疵点包括碎亮纬、反线、少捻、多捻、少股、多股、疙瘩松紧经、顶线、水花等；散布性外观疵点包括花经、生熟不匀、纹路及色泽不匀、绸面歪斜、幅不齐等。

第二节　辅料品质控制

一、辅料品质控制的基本内容

服装上除了面料之外的其他材料，都可以称为辅料。辅料包括里料、衬料、絮填料、口袋料、缝纫线、钮扣、拉链、商标和吊牌以及价格牌等。辅料的质量，在服装质量中起着举足轻重的作用。

辅料品质控制应该从以下几方面着手：

1. 进厂后立即进行检查，目的在于尽早发现质量问题，尽早处理，使企业处于主动状态

主要是检查和复核辅料的规格型号和外观质量。

具体包括：

① 辅料的品号、规格、型号、数量正确无误；

② 辅料的颜色正确无误；

③ 辅料的外观质量正确无误。

2. 客户提供的辅料必须检验，客户提出要求的辅料也要检验

主要包括：

① 里料。与面料测试类似，主要检验缩水率与面料是否相吻合，颜色与面料是否相配，色差、色牢度及静电性能等。

② 粘合衬。主要测试剥离强度、缩水率、热缩率、耐干、耐水洗性能、渗胶性能等。

③ 填充材料。测试重量、厚度、压缩弹性等，羽绒还要测试含绒量、蓬松

度、微生物检测指标、耐洗色牢度等。

④ 钮扣类。普通钮扣需要测试色牢度、耐热性,金属钮扣需要测试抗腐蚀性、镍含量等。

⑤ 拉链。根据需要测试手拉强度、折拉强度等;

⑥ 线带类。带类辅料一般需要测试染色牢度、缩水率等,如橡筋,在加工到成衣之前要预先缩水和松弛。缝纫线还需要测试断裂强度、断裂伸长率、可缝性等。

⑦ 标识类。不同标识要求不同,洗涤标应当具有持久性。印上的字要能耐水洗,日常洗涤后仍能识别清楚。

3. 辅料的产前试验

辅料不仅本身品质应有保证,还应在生产中正确使用,因此对某些辅料需进行必要的产前试验,如粘合衬的产前压烫试验,扣件的拉力试验等。

4. 确认辅料品质，制作辅料样品卡

确认所有辅料的外观与订单或确认样完全一致,质量检测数据都在可接受范围内,并制作辅料样品卡。坚持不合格辅料不使用的原则。

二、粘合衬的品质控制

在粘合衬入库时,除进行数量检验外,还要进行剥离强度、缩水率、热缩率、耐洗性、渗胶性等测试。

1. 剥离强度

反映粘合牢度的重要指标，指粘合衬与被粘合的面料剥离时所需要的力，单位为N/（5cm×10cm）。剥离破坏是四种粘合破坏之一，只有当剥离强度小于面料强度时，才可能测出剥离强度。

2. 尺寸稳定性

指衬布在使用过程中或在加工过程中的尺寸变化性能,一般表现为收缩,主要有压烫收缩、水洗收缩等。过多的收缩会影响服装的外观,如起皱、起泡等。

3. 耐洗性

对于永久性粘合衬布来说,耐洗性能是非常重要的指标。它包括耐化学干洗性能和耐水洗性能,一般用干洗和水洗后剥离强度的下降来表示。可采用“评定粘合衬布耐洗外观样照”,按照洗涤后试样脱胶起泡的程度,定性地评定粘合衬布的耐洗性能。一般要求不低于四级。见表2-3粘合衬布耐洗外观分级。

4. 其他要求

包括手感、渗料性能、透气性能、剪切性能、缝纫性能、抗老化性能等。另外,一些面料和服装还有特殊要求,如衬衫衬的游离甲醛含量要求在

500mg/kg以下，吸氯泛黄要达到3~4级，丝绸等薄型面料的衬布有色泽要求，一些衬衫衬还有白度要求等。

具体品质要求见表2-4粘合衬的品质要求。

表2-3　粘合衬布耐洗外观分级

分级	外观	分级	外观
一级	严重起皱	四级	轻微起皱，不起泡
二级	局部起皱	五级	表面平整，无皱无泡
三级	表面不平整、起皱		

表2-4　粘合衬的一般品质要求

项　　目			机织粘合衬（衬衣用）	机织粘合衬（外衣用）	非织造粘合衬
剥离强度不低于［N/(5cm × 10cm)］			18	12	8
干热尺寸变化小于（%）		经向	1	1.5	1.5
		纬向	1		1.5
水洗尺寸变化小于（%）		经向	1.5	2.5	1.3
		纬向	1.5	2	1
粘合洗涤后外观变化不低于	水洗	次数	5	2	2
		等级	4	4	4
	干洗	次数		5	5
		等级		4	4
粘合洗涤后尺寸变化小于（%）		经向	2	3	
		纬向	2	2.5	
断裂强力不低于		经向	坯布的60%	坯布的60%	坯布的60%
		纬向	坯布的50%	坯布的50%	坯布的50%
渗料性能			不渗料	不渗料	不渗料
抗老化性能			抗老化	抗老化	抗老化

三、里料的品质控制

服装里料根据所用纤维种类不同，主要分为棉布里料、真丝里料、人造丝里料和合成纤维里料四大类。不同类里料，性能有很大差异。其品质要求主要包括以下几个方面：

1. 规格参数

包括匹长、幅宽、经纬密度、重量，不同类里料有不同指标偏差要求，测试方法同面料。

2. 缩水率

一般棉布里料的缩水率高，合纤里料缩水率较低，人造丝里料纬向缩水率较大。见表2–5各种里料的缩水率要求。

表2–5 各种里料的缩水率要求

<table>
<tr><th colspan="2" rowspan="2">织物名称</th><th colspan="3">缩水率不低于（%）</th></tr>
<tr><th colspan="2">经向</th><th>纬向</th></tr>
<tr><td rowspan="2">棉布里料</td><td>大整理及预缩织物</td><td colspan="2">–5</td><td>–5</td></tr>
<tr><td>标准大整理织物</td><td colspan="2">–6</td><td>–5</td></tr>
<tr><td rowspan="3">合纤里料</td><td>涤纶丝织物</td><td colspan="2">–1.0</td><td>–1.0</td></tr>
<tr><td>锦纶丝织物</td><td colspan="2">–2.0</td><td>–2.0</td></tr>
<tr><td>交织合纤丝织物</td><td colspan="2">–3.0</td><td>–3.5</td></tr>
<tr><td rowspan="2">真丝里料</td><td rowspan="2">一般织物</td><td>甲法</td><td>乙法</td><td rowspan="2">–2.0</td></tr>
<tr><td>–3.0</td><td>–5.0</td></tr>
<tr><td rowspan="2">人丝里料</td><td rowspan="2">一般织物
交织物</td><td>甲法</td><td>乙法</td><td rowspan="2">–8.0</td></tr>
<tr><td>–3.0</td><td>–5.0</td></tr>
</table>

3. 染色牢度

棉布里料考核皂洗牢度和摩擦牢度，真丝里料和人造丝里料考核耐洗色牢度、耐水浸色牢度、耐汗渍色牢度、耐干摩色牢度，合纤里料在此基础上，还考核耐熨烫色牢度、耐湿摩色牢度。

4. 断裂强力和断裂伸长率

合纤里料对断裂强力和断裂伸长率都有要求，其中要求断裂强力的偏差不高于标准值的5%。

5. 外观疵点

不同里料，主要质量疵病也不同，棉布里料的主要疵病为：破损、断经沉纱、经缩、条花、拆痕、跳纱、星跳、竹节、百脚、稀纬、双纱脱纬、纬缩、杂织、边不良、渍、纬斜；真丝里料主要有：经柳，缺经、叉绞路、宽急经、多少经、错花、撬小、纬档、多少纬、纬斜、松板印、皱印、色泽深浅、纤维损伤、破损、边不良、整修不净、渍、脱拉、印花疵等；人造丝里料的主要疵病与真丝相同；合纤里料的主要疵病有：破损、断经沉纱、经缩、条花、拆痕、跳纱、星跳、竹节、百脚、稀纬、双纱脱纬、纬缩、杂织、边不良、渍、纬斜等。

6. 抗静电性能

指纺织品抵抗静电产生或积累的性能。评价指标主要有：静电电压、静电电压半衰期、带电电荷密度、表面比电阻，按照纺织品静电性能试验方法进行测试。静电电压和静电电压半衰期的测定装置为电晕放电式织物静电测试仪。带静电电荷密度，日本JISL-1094-1980"织物及针织物带电性能试验法"，规定测试装置为法拉第圆筒和振动电容微电流电位计。

四、絮填料的品质控制

絮填料的种类比较繁杂，按照原材料的种类，可分为棉花、丝棉、毛皮、羽绒、驼毛、羊绒、腈纶棉等。各类合成絮片，近年来发展迅速，在絮填料中的比例日益增加。可分为热熔型絮片、喷胶棉絮片、金属镀膜絮片、毛型复合絮片、远红外复合絮片。其中，羽绒服装穿着保暖、舒适、轻盈方便，喷胶棉絮片轻盈、易保管、易加工、经济实用，下面以羽绒和喷胶棉絮片为例，介绍其品质要求。

（一）羽绒的品质指标

① 绒子含量。一般用百分比表示。比如80%灰鸭绒，是指100g毛绒中有80g为绒子，其余20g为符合规格的毛片等。

② 蓬松度。反映羽绒的蓬松程度。在一定口径的容器内，加入经过预调制的定量毛绒，经过充分搅拌，然后在容器压板的自重压力下静止一分钟，羽绒所占有的体积就是它的蓬松度。蓬松度直接影响羽绒服及制品的回弹性、保暖性和舒适性。

③ 耗氧指数。耗氧指数指100g毛绒中含有的还原性物质，在一定条件下氧化时，消耗的氧气的毫克数。耗氧指数≤10为合格，如超过，说明羽绒水洗工艺不够规范，会引起细菌繁殖，对人体健康不利。

④ 清洁度。清洁度反映羽绒的清洁程度。通过水作载体，经震荡把毛绒中所含的微小尘粒转入水中，这些微小尘粒在水中呈悬浊状，然后用仪器来测定水质的透明度。清洁度≥350mm为合格，反之未达到指标要求，说明羽绒杂质多，容易引起各种细菌吸收在羽绒中，同样对人体健康产生不利影响。

⑤ 异味等级。通过专业检验人员感官判断异味程度，抽取一定量的样品直接放入有盖无味的容器内，在干燥的状态下，由检验人员作嗅觉判断，判定容器内的样品是否有异味。且气味根据强弱分成0（无异味）、1（极微弱）、2（弱）、3（明显）四个等级，只有当嗅觉判断做出大于2级的结论时，被检样品才能判定为不合格。5名检验人员中的3个人意见相同时作为异味评定

结果,如异味超出标准规定指标时,说明水洗羽绒加工过程中洗涤有问题,羽绒服在穿着、保存过程中容易引起变质,影响环境和人体健康。

⑥ 微生物检测指标　规定当“耗氧量”指标超过10.0mg/100g时,必须对嗜温性需氧菌、粪链球菌、还原亚硫酸梭状芽胞杆菌及沙门氏菌四大微生物进行检测。这一要求甚至高于欧洲标准。通过微生物指标检测,可加强对羽绒制品卫生、安全性能的控制。

有效控制羽绒微生物超标,应注意以下几点:

a. 防止原料羽绒的污染,加强对屠宰场的卫生监管。

b. 羽绒在加工处理过程中应保证:

① 水洗的质量要符合工艺要求。水质本身的污染也会造成水洗羽绒的污染。

② 使用的洗涤剂、消毒剂质量要保证,能达到洗涤、消毒、杀菌的效果。

③ 对加工设备高温消毒,并做好定期防菌、杀菌的保养工作。

c. 羽绒包装要规范,运输过程中不能淋雨受潮,潮湿容易引起细菌的滋生,含水率控制在13%以下。

d. 对储存时间过长(超过1年)的羽绒要进行微生物状态指标的检测。

(二)喷胶棉絮片

喷胶棉絮片是以涤纶短纤维为主要原料,梳理成网后,通过液体粘合剂粘合,再经热处理而成的絮片。喷胶棉絮片的性能指标见表2-6。外观质量指标见表2-7。

表2-6　喷胶棉絮片性能指标

项　目		规格(g/m^2)等级	40	60	80	100	120	140	160	180	200	220	240	260	280	300
面密度偏差率(%)		一等品	±7				±6					±5				
		合格品	±8				±7					±6				
幅宽偏差率(%)		一等品	-1.5~+2.0													
		合格品	-2.0~+2.5													
蓬松度(比容)(cm^3/g)		一等品	70													
		合格品	60													
压缩弹性	压缩率(%)	一等品	60													
		合格品	55													
	回复率(%)	一等品	75													
		合格品	70													
保温率(%)		—	50							65						
耐水洗性		—	水洗3次,不漏底,无明显破损、分层													

表2-7 喷胶棉絮片外观质量标准

项目	一等品	合格品
破边	不允许	深入布边3cm以内长5cm及以下每20m内允许2处
纤维分层	不明显	
破洞	不允许	
布面均匀性	均匀	无明显不均匀
油污斑渍	不允许	面积在$5cm^2$及以下每$20m^2$内允许2处
漏胶	不允许	不明显
拉手	不允许	不明显
拼接	每卷允许1次拼接，最短长度5m	

五、线带类的品质控制

服装上的线带类产品，主要有各类缝纫线、花边、游泳带、宽紧带、商标带、装饰绳等。这里以缝纫线为例说明。

国家标准对缝纫线的技术指标有严格规定和要求，主要包括：特数、股数、捻度、单纱强力及强力变异系数、染色牢度（耐洗和耐摩擦牢度）、沸水缩率、长度及允许公差、接头允许数以及外观疵点（表面接头、油污渍、色差、色花、麻懈线、蛛网等），一般按国家标准中的技术要求对成品进行测试，以其中的最低项作为评定缝纫线等级的依据，可分为一等品、二等品和等外品。下面详细介绍缝纫线的几项指标测试。

1. 断裂强度和断裂伸长率

反映缝纫线的力学性能，关系到缝纫线的实用价值。一般采用伸长型等速强力测试仪。

调试好仪器，按照缝纫线试验规定确定试样数量和试验次数，一般每批抽取试样10个，试验总次数为30次。

将试样预调湿最少4h，然后放在调湿用大气条件下调湿48h以上，在二级标准大气条件下测试。在试验仪上输入试验相关信息。

按照常规方法从卷装上退绕纱线，引入上夹持器，并夹紧试样。

在试样上嵌入下夹持器时施加预张力，调湿试样为（0.5 ± 0.10）cN/tex，湿态试样为（0.25 ± 0. 05）cN/tex。

用下夹持器夹紧试样。

在试验过程中检查钳口之间的试样滑移不超过2mm。

试验仪自动记录并打印试验相关信息和试验结果及负荷—伸长曲线。

2. 缩水率

直接影响服装的尺寸和外观，一般要求与服装相配伍。

试验仪器为米制测长器、立式量尺等。

3. 可缝性

可缝性是反映缝纫线加工性的主要指标，也是缝纫线品质的综合体现。

试验仪器：工业用高速平缝机，工业缝纫机针。

试验材料：T/C205涤棉纱府绸，线密度为13/13，经纬密度为523.5/283（根/10cm）；136涤棉树脂衬布，线密度为45/45，经纬密度为208/110；纯棉带，线密度为28×2/10×2，经纬密度为312/116（根/10cm）。

随机抽取三只缝纫线，在标准温湿度条件下将试样和试验材料调湿处理24h，并按照表2-8规定进行试验材料准备。

表2-8　实验材料准备规定

<table>
<tr><th>试样种类</th><th>试验材料</th><th>要　求</th></tr>
<tr><td>涤纶线、涤棉包芯线</td><td>五层涤棉纱府绸加一层涤棉树脂衬布，即在二层和三层试验材料之间加一层涤棉树脂衬布，测试时涤棉树脂衬布处于第三层</td><td rowspan="3">量取长度为200cm、宽度为10cm的试验材料，各层应参差排列，先缝中心线，随后向两边等距各缝一条线，最后缝制两条边线，共缝制5条平行线，缝合平整再结成环状，在接头处用彩色笔画一道横线，以便计算圈数</td></tr>
<tr><td>棉线</td><td>七层纯棉带</td></tr>
<tr><td>棉蜡光线</td><td>五层纯棉带</td></tr>
</table>

表2-9　涤纶线、涤棉包芯线、棉线的车速、针号、针距的规定

股线公称线密度数	29 tex以下（20^{S}以上）	36 tex以下至29 tex（16^{S}以上至20^{S}）	58 tex以下至36 tex（10^{S}以上至16^{S}）
车速（r/min）	4500	4500	4500
英制针号	9	11	14
针距（mm）	2	2	2.3

表2-10　棉蜡光线的车速、针号、针距的规定

股线公称线密度数	29 tex以下（20^{S}以上）	42 tex以下至29 tex（14^{S}以上至20^{S}）	58 tex以下至42 tex（10^{S}以上至16^{S}）
车速（r/min）	3000	3000	3000
英制针号	11	14	16
针距（mm）	2	2.5	2.9

校验好缝纫机，按照表2–9、2–10规定调好车速，选取缝针、缝线、针距等，每只试样连续缝制时，各条缝线间应留有间隙，并记录断线时所缝制的米数。（以试验材料圈数 ×2+不足圈的实测长度）。前一只试样试验结束5分钟后，开始下一只试样的试验。面线因股线结头断线及底线断线不作为试样断线，以第二次测试数据计算。如果缝制40m未断，最多缝制到50m，并以50m作为计算数据。缝纫线的可缝性按照缝纫断线时所能缝制的米数进行评级。

5级　3只试样平均达到或超过40m断线

4级　3只试样平均在40m以下至30m断线

3级　3只试样平均在30m以下至20m断线

2级　3只试样平均在20m以下至10m断线

1级　3只试样平均在10m以下断线

六、扣紧件的品质控制

用于服装的扣紧件有钮扣、拉链，钩环、尼龙搭扣及绳带等，扣紧件虽然小，在整件服装中的价值也比较低，但在服装中的作用却不可小视，除了实用功能和装饰功能外，还可起到画龙点睛的重要作用。对于婴幼儿和儿童服装，扣紧件的品质控制尤为重要，有些国家要求扣件的装钉合格率为100%。扣件的脱落，有可能被儿童吞咽而导致窒息等危险；不正确的安装，也会引起婴幼儿和儿童的擦伤和割伤。H&M公司建议所有的钮扣都用锁式线迹钉扣机。有些国家要求童装的钮扣必须用锁式线迹钉扣机；童装企业应有一台安全质量牢度测试仪（SAFQ）；钮扣、撞钉、蝴蝶结等辅料都应当测试牢固度。

（一）钮扣的品质控制

1. 钮扣的型号尺寸

钮扣的型号尺寸是反映钮扣使用功能的重要指标。

钮扣的型号尺寸（L）与外径的关系如式（2–12）：

$$\text{钮扣外径（mm）} = 0.635L \qquad (2\text{–}12)$$

一般是用专门的钮扣卡尺检测尺寸，也可用圆规画出实际的钮扣尺寸，将钮扣放在图中对比。

2. 钮扣的颜色

应按设计要求，与确认样一致。

3. 钮扣的性能

不同的钮扣材料，其性能也不同。但都要求一定的耐化学性能和耐热性能，一定的强度和耐磨性能。

如树脂钮扣，要求耐180℃、2s的电熨斗熨烫，在100℃的热水中能连续处理1h以上，能耐30%的各种无机酸及普通双氧水的腐蚀。

4. 金属钮扣或扣件的表面质量

金属钮扣和扣件一般经过金属涂层和化学涂层等表面处理，要求表面涂层的外观、结合力、孔隙率、耐腐蚀性、厚度等都符合规定的要求。

5. 金属钮扣或扣件的材料

对于铜或铝的材料，可用磁铁测试。对于重金属铅、镍、镉和偶氮染料等，不同国家有不同规定，应符合有关国家的标准和要求。一些国家要求必须确保婴幼儿及儿童服装上的金属装饰物不含铁。

（二）锁扣类和紧固类扣件的品质控制

1. 扣件的选择

扣件的种类和结构尺寸与面料厚度、面料种类、装钉部位的面料层数等有关。如针织面料，应选用无爪扣较为合适，其受力状态均匀分布在一个平面上，不宜选用单管状扣件，否则容易被拉脱或面料被拉坏。

2. 扣件的装钉

扣件的结构尺寸和装钉方法决定了装钉的牢度。要求装钉出的面料厚度要均匀；装钉基布既不能太厚，也不能太薄；同件服装的面料层数不同时，应分工序用不同的压力装钉；避开线缝装钉；选用合适的模具装钉。

3. 产前装钉试验

生产前，采用正式生产用的装钉机械和模具，进行扣件的装钉试验，并测试装钉牢度。装钉试验合格后方能进行大量生产。

4. 装钉牢度的检验和判断

① 抽样。对单件成衣的检验，应测试所有扣件，并保证100%合格；对于生产中的检验，可抽样一定件数，每件测6对扣件，少于6对扣件的话，应测所有扣件。如有一件装钉牢度不良，就认为整批服装的装钉牢度不合格。

② 测试。在钳子上固定扣件，用拉力测试仪对所测扣件均衡作用6.804kg（15磅）拉力，并保持10~15s。扣件的上下两部分（如扣帽和扣座）都要测。如果扣件的任何部分松弛、脱落或面料破损，装钉牢度都被认为不合格。

③ 检验与判断。装钉质量还可从扣件的外观、基布状况等进行检验和判断。如基布是否厚度不均匀；是否避开接缝；装钉后的扣件是否可以转动；装钉处面料是否起皱破损；用力拉伸扣件粗略估计装钉牢度；扣件和面料之间是否有间隙。

（三）拉链的品质控制

1. 拉链的品质要求

① 拉链的规格和型号。拉链的规格是指两个链牙啮合后的宽度尺寸或尺寸范围，计量单位是毫米。拉链的规格是各组件形状尺寸的依据，是最具有特征的重要尺寸。

拉链的型号是形状、规格尺寸及强力值的反映。链牙材质相同时，型号越大，对应的规格尺寸也越大，相应的强力值也越高。

② 拉链的颜色。应与面料的颜色相同或相近。要与客户提供的样品或确认样一致。同条拉链及同批拉链的色差应在3级以上。

③ 拉链的长度。决定服装闭合体或部位的长度。拉链的长度，是将拉链自然平放在平整的桌面上，用钢直尺从拉头的顶端量至闭尾拉链下止口的外端，或开尾拉链的插座的外端。因链牙有规定的尺寸，为保证链牙尺寸的完整性，拉链长度有允许规定的偏差值。一般口袋上用的闭尾拉链，其长度应取允许的上偏差，不可取下偏差。表2-11为YKK拉链的长度允差。

表2-11 YKK拉链的长度允差

拉链长度（cm）	允许公差（mm）	拉链长度（cm）	允许公差（mm）
＜30	±5	60~100	±15
30~60	±10	＞100	±3%

④ 拉链的平直度。将拉链自然平放在平整的桌面上，将其顺直，用直尺靠近拉链，用另一个直尺量取链牙脚偏离直尺的最大距离，即为拉链的平直度。它影响服装的平整度。

表2-12为拉链的允许平直度。

表2-12 拉链的允许平直度

拉链长度（cm）	≤180	181~400	401~600	601~900
允许平直度（mm）	≤3	≤5	≤7	≤9

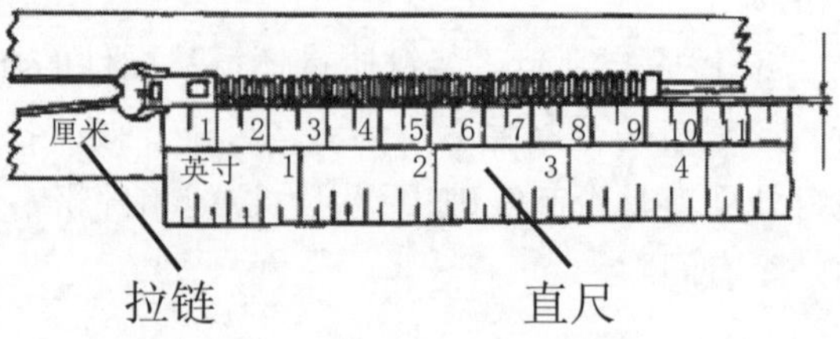

图2-6 拉链平直度的测试

⑤ 拉链的强力　决定了拉链的使用范围和耐用程度。各国标准对拉链的强力都有明确规定。英国、日本等国将拉链的强力性能按等级分类,每一强力重量级别,对不同材质的拉链都普遍适用。而在我国,材质不同、型号相同的拉链,一般其规格尺寸及特性强力值都不同。拉链强力有以下几种测量方法。

a. 平拉强力。平拉强力是最基本的强力指标,用于测试拉链齿在自锁状态下,抵抗横向作用力的能力。图2–7为其测试示意图。

b. 上止强力。将拉链闭合,拉头拉到上端止口。牵拉拉头,可模拟拉链在握持状态下,拉头越过上止拉脱或上止抵抗外力的能力。图2–8为其测试示意图。

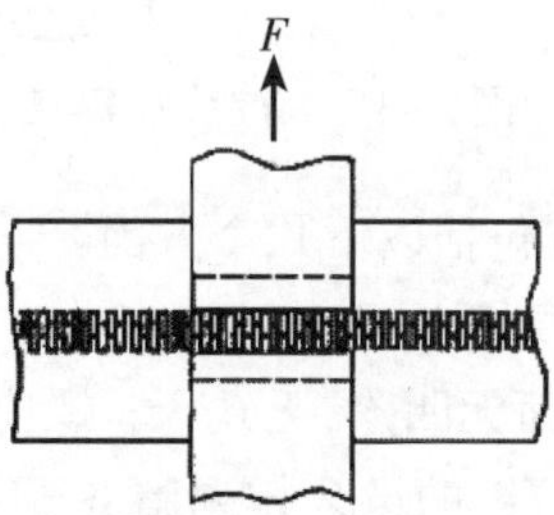

图2–7　平拉强力的测试示意图

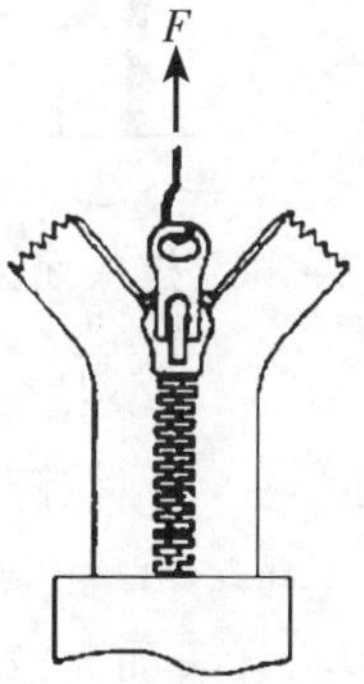

图2–8　上止强力的测试示意图

c. 下止强力。将拉链拉至下端止口,牵拉左右两侧的链带,测量下止被破坏所需要的力以及拉头内部构件的抵抗力。图2–9为其测试示意图。

d. 开尾平拉强力。测试开尾拉链插管和插座抵抗外力破坏的能力。图2–10为其测试示意图。

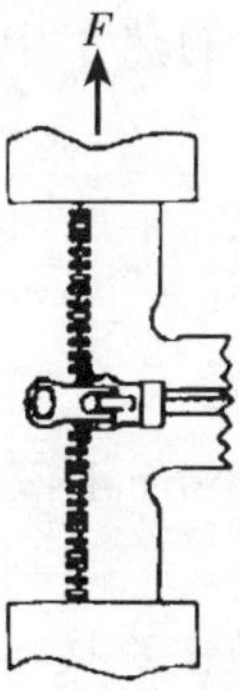

图2–9　下止强力的测试示意图

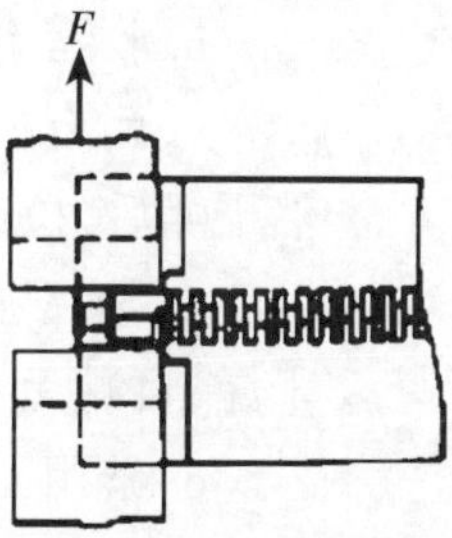

图2–10　开尾平拉强力的测试示意图

e. 拉头闭锁强力。拉头在链齿的中间自锁，拉伸左右部分的拉链，测试锁定强力和拉头内部构件的抵抗力。图2-11为其测试示意图。

f. 拉头拉瓣结合强力的测试。以垂直于拉瓣的方向施加拉头作用力，直至拉瓣与拉体分离为止。图2-12为其测试示意图。

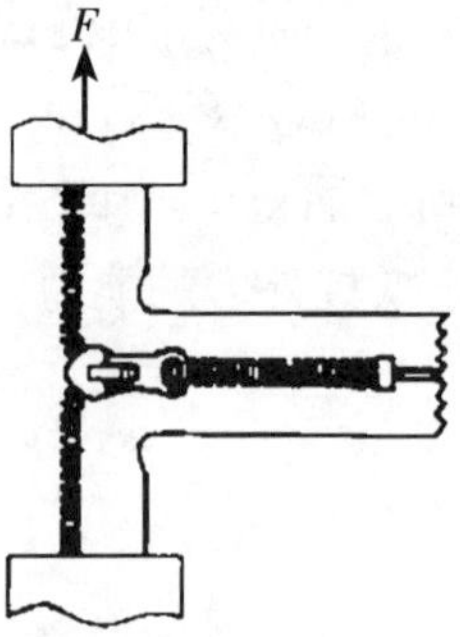

图2-11　拉头闭锁强力的测试示意图

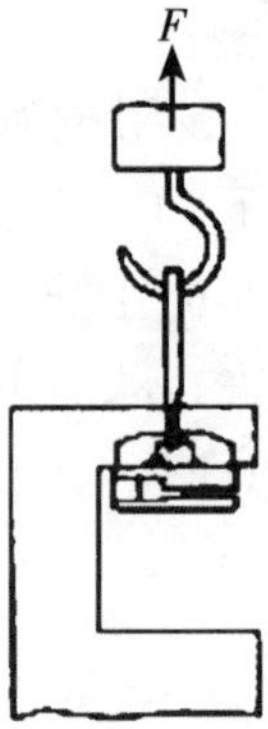

图2-12　拉头拉瓣结合强力的测试示意图

⑥ 拉链的外观。拉链的外观包括以下几个方面：

a. 拉链应平直、平整，在自然下垂时无波浪或弯曲。

b. 注塑拉链的链牙光亮，正面无凹陷，无缺牙；螺旋拉链链牙上无孔，链牙表面光滑，无粗糙感觉；金属拉链的链牙排列整齐，不歪斜，无断牙。链牙的啮合良好。

c. 注塑拉链的色泽均匀一致，无色差，纱带上无色花、污垢、皱折。

d. 拉链带贴胶位置对称，无歪斜或浮胶现象。贴胶处反复10次折转180°不折断。

e. 电镀拉头的镀层光亮，不起皮，无异物划痕，镀层厚度不小于3μm；涂漆、喷塑拉头表面色泽鲜艳，涂层均匀牢固，无气泡、死角等缺陷。

⑦ 拉链的特殊性能要求。拉链的特殊性要求包括以下几个方面：

a. 染色牢度。一般要求拉链在80℃的热水中浸泡15min后，与原样对比，色差大于四级。

b. 收缩率。拉链的水洗缩率不大于3%，干洗缩率不大于3%。

c. 耐有机溶剂。将拉链浸入温度为20℃ ±2℃的四氯乙烯中2h，使其自然干燥后，拉链保持原有的开启和闭合功能。

d. 金属镀层的耐腐蚀性能。在3%的NaCl溶液中，经180min后取出自然干燥，目测无锈斑。

e. 禁用元素和染料。因镍制或镀镍拉链直接接触皮肤时，会产生斑疹或皮肤过敏的问题，一些国家禁止拉链材料中含有镍元素。因此订购拉链时就应注明“防镍”。

有些国家要求不含硫化染料，不含硫和铅元素，不含偶氮染料。订购拉链时应注明“不含偶氮”等要求。

f. 验针性能。如果服装须经过验针，订购拉链时也应该注明“需要验针”。

g. 洗涤性能。在普通洗涤中，检查拉链是否变色或被腐蚀，或带件部分发生脆化或断裂。实际使用中，常对要求湿洗或干洗的拉链进行拉合测试，以判定其洗涤性能。在水洗生产中，应确保拉链上的各种化学品清洗干净，以防止化学反应使拉链变色。

2. 拉链的功能检测

a. 拉动拉头，拉头滑行平稳灵活，无跳动或被卡的感觉。拉头在上止、下止及插口处启动时，无阻碍感觉。

b. 拉瓣在180° 范围内翻动是否灵活。

c. 插管在进入或拔出管座时，灵活无阻碍。

d. 用大于60° 角的两个力分别拉开两条链牙带（拉瓣放平在拉体上），用力适中，拉速不宜过快。如果拉头不滑行，说明拉头自锁良好。反之说明无自锁或自锁能力不够。

e. 将拉瓣沿垂直于拉体平面向上提拉，帽罩不能松动或脱落。

七、商标和标志的品质控制

商标是商品的标记，服装商标反映着服装质量。出口服装，一般由客户带牌加工。如果是服装供应商按照客户要求在国内订制的话，就存在对商标品质的管理。标志是由国家颁布的标准说明和图形符号构成，其目的是进行有关说明。商品和标志按照材料和加工方法划分，有梭织（织标）、编织、印刷（印标）、纸质、革质（皮牌）等。

（一）织标的品质控制

1. 织制密度

可用密度镜检查，应保证良好的外观，达到客户提供的原样密度。织制密度不够，表现为露底色浮纱、字迹图案间断等现象。

2. 外观平整，手感适中

通过适中的上浆整理，使外观平整，手感既不过硬也不过软。

3. 表面无皱缩、卷曲、歪斜

应预先对织标进行高温定型，其温度应高于服装加工的温度，以避免织标受热后皱缩、卷曲和歪斜。应向织标供应商提出要求。

4. 织标无吸色

对于成衣染色或成衣在使用中易掉色的服装织标，应预先对织标进行抗沾色的整理，在织标周围形成一层保护膜，防止织标沾染而影响使用。应向织标供应商提出要求。

5. 织标无褪色

对于PU和PVC涂层的织标，有可能发生颜色转移的问题，织标上的染料会褪色并转移到面料上，应对织标作固色处理。应向织标供应商提出要求。

6. 折边整齐

要求用自动剪折机进行织标的剪折，折线位置准确，外观整齐。

（二）吊牌的品质控制

吊牌用纸的种类正确，可通过观察外观、用测厚仪检验厚度、称重等方法来进行检验。

颜色准确，墨量均匀、不掉色，图案居中、对称、间距合适。

条形码正确，用识码器扫描有嘀声，印刷质量好，不粘不断。

裁切刀口整齐，不刮手。覆膜光亮度合适，无气泡，粘连紧密。

穿线位置离边5~7mm，孔距合适。线长比纸牌略长。

思考与练习题

1. 试述面料检验时的具体要求。
2. 棉、毛、丝绸织物在品质控制上有什么不同？
3. 试述面料染色牢度的测试。
4. 辅料是服装的辅助材料，你如何看待它的品质控制？

第三章 生产前品质控制

服装产品正式生产前，需要做一系列的准备工作，包括样品试制、鉴定、技术文件的准备、样板的审核等，这些工作准备充分，就保证了生产前的品质，为以后的正式生产打下良好的基础。

第一节 生产前样品试制与封样

一、生产前样品试制的目的

服装样品试制是根据其款式效果图或客户来图、来样及要求，结合企业自身条件，对即将批量生产的服装产品从中选出各款一件，进行实物标样试制。目的主要是通过样品试制，充分了解产品特征，为充分体现设计及要求效果，摸索和总结出一套符合生产条件、省时、省力、保证产品质量、科学合理高效的生产工艺及操作方法，以便修正不合理或超越客观现实的因素，并由此总结设计出一系列生产技术条件，指导大批量生产。

样品试制一般包括两个内容：第一是根据服装款式图（即效果图）或按客户来样进行样品试制。一般前者叫实样制作，后者叫确认样制作。它们的目的都是为了被客户认可。第二是根据客户的修改意见以及根据生产的可行性研究进行实物标样试制，也叫试样。目的是为了帮助确立最佳生产方案和保证产品质量。

在确认样经过客户认可并准备好面辅料后，大部分客户会要求供应商或服装厂家用确定面辅料制作产前样。确认样是生产的参考，产前样是生产的依据。

确认样与产前样的区别是：

1. 所采用的面辅料不同

确认样可以采用代用的面料和辅料，只要能反映出服装的造型效果就可以；产前样则必须使用准确的面辅料，以此来记录面辅料的缝纫性能、整烫性能以及加工性能，指导大货生产。

2. 制作的尺码数不同

确认样只需要一个或两个代表性尺码，而产前样，一般要求制作所有的尺码。这样可以避免尺寸推档时可能出现的问题，或者因客户尺寸表不准确、不合适而产生的问题，在生产前使所有问题都暴露出来，进行修改，并及早获得客户的确认。

3. 制作的颜色数不同

确认样只涉及代表性的颜色，不需要所有颜色都制作，而产前样要求所有颜色都制作。这样可以用实物反映出所选择的辅料颜色与面料颜色是否相匹配，如缝线的颜色是否合适，拉链带的颜色是否与面料相匹配，可以及早地发现问题并予以纠正。

4. 产前样是生产前的一次工艺的试验

通过制作产前样，对面辅料的加工性能进行试验，以便为正式生产提供依据。

二、样品试制的准备

1. 对试制样品作全方位分析

首先对所要试制的样品进行一次技术条件和要求的分析，列出该产品所需要的工艺要求、设备、工具、资料、材料等条件及工艺操作顺序，并作好记录。特别是对样品关键技术处理方法进行探讨，列出所需的材料及其特征，并做好必要记录及说明。

2. 准备材料

首先根据核准后的生产品种，备好所需各种材料，主要是面料、辅料及机物料，并将所有的材料规格、品种颜色、数量及要求逐一进行核对，检查是否符合要求。样品试制用的一切材料，应一律使用正品，常规下不允许用等外品或者不符合要求的代用品。

3. 准备设备、工具

备齐所需各种生产加工设备及工具，并调校准确，对各种工艺参数做到准确无误，并处于备用状态。试制前要对所需要的设备、工具等作一次检查，并将有缝制特殊工艺要求的器材和配件准备妥当。然后，对所用的设备要进行调试，调试时应按试制材料的特性和工艺要求进行。如针迹密度、缝线的张力、缝纫的速度以及熨烫设备中的温度、压力、时间等，要按技术要求调试正确，进入备用状态。

4. 试制人员到位

试制人员要具有一定的技术素质和水平，要能在质量和技术要求上有一定的分析能力和解决问题的能力，以便在试制过程中能切实处理和解决好有关技术问题。服装企业一般都有一个技术较全面的样品试制小组，他们专门从事新产品开发的样品试制工作，有时也兼做生产线上工人的培训工作或零活及特殊服装的加工制作。对试制人员要求技术上乘、责任心强、善于发现及解决操作问题，以便制订生产技术文件。

三、实样试制的过程

1. 单件样品试制

一般打出一个规格的一套板，作出各规格的一件样品。包括分析样品或效果图、绘制结构图、制板及推板、样品制作、样品评审等。单凭服装效果图或者款式图是不能完全体现该服装的真正效果的，必须制作成实样，并对不合理的部位加以必要的修正。试制实样一般可参照以下几个程序。

1）分析效果图或实样

在分析效果图或者客户所提供的实样时，要着重四个方面的考虑：

① 选择与设计要求符合的面料及辅料。

② 分析该服装的造型。

③ 分析该服装各部位的轮廓线、结构线、装饰线及零部件的形态和位置。

④ 分析选用合适的缝制方法及所需要的附件，需用何种工艺，采用何种设备等。

2）绘制结构图

绘制样品服装的结构图可按下列步骤进行。

① 选择样品规格。首先选择试制规格，一般应按代表尺寸，内销的可按照国家号型中的中间标准体，即男上装 170/88，裤子 170 /76；女上装 160/84，裤子 160 /72；外销的可根据该国的中心规格试制；如果客户有来样，可按实样试制，也可根据客户要求选定规格。

② 选择结构造型方法。根据款式特点选择适宜的结构造型方法，是平面造型法还是立体造型法等。

③ 描绘样品纸样。根据结构图，绘制出衣片及各种零部件和辅料纸样，并加放缝份和贴边。同时填写图样说明，注明各部件的布纹方向、吻合记号及件数等。绘制后必须认真检查是否有遗漏、短缺等。然后剪成纸样，绘制结构图。修剪试样布及检查其效果和形状。当纸样完成后，对没有把握的一

些部件，如领子、袖子等，为了保证其合体情况及效果，可先用试样布进行立体别样。这项工作可在衣架上进行，观察其效果，然后作必要的修改。在完成以上工作后，方可裁剪正式衣料。

④ 缝制样品。在缝制前必须慎重考虑缝制形式、缝迹、缝型、熨烫形式和顺序，尽可能采用简单合理的、既保证质量而效率又高的加工工艺，同时记录好加工形式、顺序和耗用时间。

⑤ 样品的审视和评价。服装缝制完毕后，应把样品挂在衣架上，进一步审视有无缺陷以及是否存在问题。发现问题应及时纠正或提出修改意见。修改确认后，方可进行成品整烫及包装。样品试制完毕后，可保存订货客户确认的样品纸样及工艺、工序说明，留作技术档案。

2. 小批量试产

要求打出全套样板，作出各规格一定数量的样品。目的是在单件样品试制的基础上，根据成批生产的要求，验证在流水线上是否能生产出合格的产品，采取的工艺是否合理高效。试产是在批量投产前，按照产品设计的要求进行一次模拟工厂的加工条件及手段的少量实样试制，数量一般在 12 件（一打）以下。目的是通过试制，观察分析生产可行性和操作时间，以便改进不合理部分，为制订必要的生产管理、质量管理等方面技术文件提供可靠的技术资料和技术数据，并提供生产用的实用标样。所以这是投产前的一项必不可少的技术工作，是关系到生产能否顺利实施的一项重要准备工作。小批量试产是对单件样品试制的补充及修订，以此验证产品造型、纸样结构、样板规格、组合搭配、生产特点等是否符合产品要求。小批量试产多由生产车间中某一生产线来完成，这样可验证该流水线上员工技术水平是否适合生产该产品，并验证流水线上人员配备、设备布局、工具应用是否合理，同时缩小了正式生产时的起步损失，缩短熟悉、准备的时间，但是有时某些问题不易被发现。

四、样品鉴定

服装样品试制完后应进行样品鉴定。服装样品鉴定是由企业设计开发、生产加工、质量管理、供销等部门共同组成样品鉴定小组会同审核。其内容如下：

① 设计、样板、工艺、装备的鉴定；

② 试制实样的鉴定。

包括产品造型、结构、规格尺寸、工艺及性能的鉴定。内部鉴定合格后，需填入鉴定表，如表3-1所示。

表3-1 产品试制鉴定表

生产通知单批号______	订货合约______	号型系列______
产品型号______	产品名称______	订货单位______
试制车间（小组）______	试制负责人______	生产数量______
样品试制数量	小批量试制数量______	其他______
试制中存在的问题______		
鉴定意见______		
参加鉴定人签名______		
		____年____月____日

1. 款式造型与样品实样审核

主要鉴定产品造型、服装结构、材料组合是否符合客户及设计要求；鉴定样品尺寸规格、号型设置是否符合要求；鉴定产品质量是否符合要求。

2. 样板、工艺及装备审核

主要鉴定服装样板是否准确齐全、各组各部件是否吻合、样板标注及说明有无漏缺、各档档差及推档是否有误；生产加工流程、工序分析与编制是否符合生产条件、是否是最佳工艺设计，工艺参数及技术质量要求应准确无误；服装加工设备能否保证产品质量，设备状态应正常，辅助工具应齐备并保证顺利进行批量生产。服装样品鉴定是一项严肃的审核工作，各个有关部门应认真对待，服装企业通常设计有“服装样品试制鉴定表”，供鉴定后签署审核意见。服装样品鉴定合格后，方可正式批量生产，对存在的细小问题应提出改进意见后，同意投产，但必须用书面说明在正式投产时的改进方法或补充规定。对存在问题较多、问题较严重的样品或与客户要求差距较大时，应否定样品并重新试制，再次鉴定直到合格，方可正式投产。

3. 封样

在内部鉴定合格的基础上，送交客户进行最终确认存档，即所谓封样。对于客户提出的要求、来样来料的产品、新产品、服装某些因素或要求较含糊、易混淆、不易表述等，则需封样来澄清；在样品试制过程中，由于客观原因，样品试制后发现产品无法达到原合约要求，需作部分修改，有时为简便起见，可用封样来处理。此外封样必须经双方共同确认并办理有关条文认可及加盖封样章后，方能生效。

第二节 工艺技术文件管理

一、服装企业技术文件的种类

(一)生产总体设计技术文件

包括服装厂规模和生产品种。主要内容有:

① 产品的品种和数量;
② 产品的生产时间;
③ 人员配置;
④ 加工工具和设备的配置;
⑤ 工序编成效率;
⑥ 设计生产流水线。

(二)生产工序技术文件

包括工艺流程图(包括工艺单)和工艺卡两种。工艺流程图上有各道工序的名称、纯粹工作时间、工序序号、流水程序、需用的设备和工艺装备等。工序卡上有各道工序的操作说明,用图表明主要部位的要求及使用设备工具、加工技术要求、工时定额等。

(三)质量标准技术文件

包括国际标准、国家标准、专业标准、企业标准。

(四)技术档案

主要包括设计图、内外销订货单、生产通知单、原辅料明细表、原辅料测试记录表、工艺单、样板复核单、排料图、原辅料定额表、工序定额表、首件封样单、产品质量分检表、成本单、报验单、软纸样。

二、工艺技术文件的制定和修改

企业为了有效地控制产品质量,必须对生产过程的各项活动做好统一的策划。这种策划的中心就是工艺准备,制定科学合理的工艺文件是工艺准备的重要内容。因此服装工艺文件必须具备完整性、准确性、适应性和可操作性。编制工艺文件的依据主要有:服装标准,除产品标准外,还包括基础标准、通用方法标准、制定工艺文件所用的全部术语、名称,必须执行GB/T15557《服装术语》国家标准,销售合同,用户提供的样品、纸型;企业的设备明细表,原材料检验试验报告等技术文件。

在这个阶段,技术、质检以及相关的职能部门应针对即将投产的产品进行工艺性调研和试验研究,制定工艺文件,对工艺文件的可行性进行验证,对设备的配置进行验证,编制工序质量控制计划、检验计划,制定材料消耗工艺定额,工时定额,对操作人员进行上岗前培训,进行生产环境、生产条件的准备等。

制定工艺文件主要包括:生产用纸型;工艺流程;材料工艺消耗定额;工序质量要求;产品检验规程和工艺规程等。

1. 工艺规程应根据产品和生产实际编制

工艺规程是把产品在制造过程中所采用的技术和加工方法用文字或图表的形式加以规定并按此规定实施。

工艺规程的范围包括:生产工艺路线表(或流程图);工艺卡片;各种工艺图如加工工艺分解图,工序操作指导图等。由于服装品种具有花色品种变化大的特性,有些产品(如衬衫)采取先制定一个基础工艺,再根据合同要求和款式变化等情况,分别制定各自单独的工艺说明,作为基础工艺的补充。

工艺路线的设计应根据生产组织结构、成品工艺特点、设备安装布局及加工能力、生产车间的面积、物流路线等因素综合考虑,以保证工艺路线的设计正确合理,满足质量和生产的要求。

2. 工艺规程的技术内容

为了避免工艺规程的错用、混用,对每种(每批)产品的适用范围必须有详细的说明。

① 产品概述、合同号、款式号、产品名称、原料、外观图、产品结构特点简述。

② 原辅料使用规定:各种原辅料品种、使用部位、数量。

③ 规格表:包括成品部位和零部件的规格、偏差允许范围。

④ 裁剪操作要求:包括纸型使用规定,原料丝绺、正反面、倒顺、花型、条格使用规定,拼接规定。

⑤ 缝制操作要求:包括各部位缝头大小、吃势规定、针迹密度、机针号数、明线宽窄、缝制方法、案工操作要求等。靠文字不易表达清楚或容易造成歧义的应有分解示意图,锁定工序应规定锁眼的针迹密度和钉扣的针数。

⑥ 整烫包装要求:根据不同产品确定整烫要求,如规定整烫部位、所需的熨烫工具和设备、应掌握的温度等。有折叠要求的产品应规定折叠方法、

规格、包装物的使用等。

⑦ 生产所需的设备和工艺装备，如嘴子、压脚等。

3. 编制工艺规程的要求

工艺规程是提供给各级管理人员和操作工人进行生产的指导性文件，一经批准就是技术法规。所以编制工艺规程时，要注意措辞严谨、简明易懂、词句要确切，不能出现一种规定几种理解的现象。对所有原料、辅料、包装物料均要制作实物标样。要按照标准或合同编制工艺规程，规程中的每一项要求都应有依据，如有实物样品时，编制工艺规程要对照样品、纸型进行，内容要互相吻合、相互统一。

4. 工艺文件的更改

作为技术法规，贯彻执行工艺文件是工艺纪律的主要内容，对工艺文件任何人不得擅自更改和降低要求。任何工艺文件的更改都应该慎重。必须明确工艺更改的职责和权限，并将更改的信息及时传递到相关部门。

5. 制定科学、合理的材料消耗工艺定额

① 工艺定额：是技术部门下达基础定额，含最低的必要损耗；

② 供应定额：是供应部门在投产前采购材料的依据；

③ 成本定额：用于核算成本时使用。

供应定额和成本定额是以工艺定额为基础的。

工艺消耗定额包括原料消耗定额、辅料消耗定额、包装物料消耗。工艺定额应由技术部门负责制定，制定原料工艺定额时应注意根据原料的实际幅宽、样板排料方法、规格单、排版损耗、原料残疵损耗、零料损耗等综合因素，其准确性是最根本的要求。

五、工艺技术文件的管理

工艺技术文件必须正确无误。因为成衣生产涉及的部门、人员、材料种类很多，而工艺文件是把这些元素组织起来，使生产有一个可执行的标准。

在准备工艺技术文件时，要求工艺技术文件清晰，特别对所有有关商标、成份标、吊牌、价格牌、胶带、纸箱上的文字、数字、颜色、位置均应非常清楚地表示。

在准备工艺技术文件时，最好打字而不手写，可以避免文字上的误解。

第三节　样板审核与管理

一、服装样板审核

样板是服装裁剪和缝制的重要技术依据，投产使用的样板必须保证准确无误。样板审核是一项技术性很强的工作，要求认真细致，不得有丝毫差错。通常由企业生产技术部门、产品开发部门中有丰富经验的专业人员进行审核。

审核内容如下：

① 款式结构与各部位的比例、大小、形态及位置是否与实物样品、效果图、照片或采样一致；

② 所有衣片与零部件是否齐全，有无漏缺；

③ 所有标注是否清晰、准确，不可漏注；

④ 各档规格是否齐全，跳档应准确；

⑤ 规格尺寸的缩放、加工损耗、缝头加放、贴边是否准确；

⑥ 样板四周直线是否顺直，弧线是否圆顺；

⑦ 定位标记、刀口是否准确，有无漏剪；

⑧ 各组合部位如领、袖、袋、面里衬等是否相容相符；

⑨ 是否考虑材料性能及制作工艺特点等。

对于初次试制的样板，应通过单件及小批量样品试制验收合格后，进行修正。审核后的样板应做好记录，并在样板四周关键部位加盖样板审核验讫章。未经审核通过盖章验讫的样板，一律不准交付使用。审核通过盖章验讫的样板，任何人不得以任何理由擅自修改。必要时须经主管部门批准，由专职人员负责修订或增补，并立即报废不合要求的样板，以免误用。

二、样板管理

样板管理分领用、板房及使用管理。样板的正确管理是保证产品质量及避免出错的重要手段之一。

1. 样板领用管理

样板领用时，有关人员必须凭“生产通知单”或专用的“样板领用归还表”去板房领取；领用的样板必须是经审核验讫、盖有验章的样板；领用的样板品名、规格、号型、款式、数量必须与单或表相符无误，并做好有关登记手续。

2. 板房管理

服装企业一般都设有板房供存放过去曾使用过的服装样板，样板存放在板房时应对其进行分类、登记建卡，对样板名称、品名、规格、板数及存放位置、使用情况进行详细登记；样板存放应合理，平放时应大片在底、小片在上依次叠放，防止变形；吊挂时应尽量在放缝、贴边等处打眼、穿绳、吊挂；纸质样板还可卷绕存放；板房环境应通风、干燥、无阳光直射，且应防鼠咬；对长期不用的或无使用价值的样板，不得私自销毁，应申请并得到上级许可后，方能集中销毁；板房管理人员应做好登记消号手续，借出收回均应仔细清查；板房管理人员不得修改样板，更不得私自借给他人，也不得复制样板。

3. 样板使用保管

样板在使用过程中应有专人负责，用有人管、放有人存；样板使用中不得随意乱丢放、乱压碰，以防损坏；样板使用中不得随意修剪或涂画，应保持其完整清洁；样板使用中万一发生损坏，应及时如实上报，并由有关人员负责复制，使用者不得随意复制；样板使用中任何人不得借给他人或其他单位，亦不可与不同号型规格的样板混放，以免出差错，样板使用完后，应尽快清理如数归还。

思考与练习题

1. 分析确认样和产前样在生产中的不同作用。

2. 服装企业除了确认样、产前样，还有其他“样”吗？请根据收集的有关资料来说明。

3. 如何控制产前品质？

第四章　裁剪品质控制

裁剪是服装生产“三大工艺”之一，裁剪的质量不仅影响到服装产品的质量、服装产品的成本，也直接影响服装的生产效率。裁剪品质不良涉及到的不只是一件成品，而是一批成品，因而对服装企业来说关系重大。

第一节　裁剪品质管理的规划

在裁剪车间，要把服装材料裁剪成裁片，一般需经过裁剪方案的确定、排料画样、铺料、裁剪、验片、打号和捆扎等工序。

一、做好前期的准备工作，收集完整的生产技术资料

1. 要有面辅料的测试和检验报告

必须在收到面辅料的测试和检验报告后，才可进行面辅料的开裁。这样可以杜绝面辅料本身品质不合格带来的服装质量问题，对于不合格的面辅料可以退货、换货或要求赔偿。另外，裁剪部门也要根据面辅料的质量状况，来决定裁剪工序的实施方案。

2. 要有完整的生产技术资料

作为实施裁剪的依据，要有一整套齐全的生产技术资料，包括款号、定单号、尺码、颜色搭配、数量、用料定额、缸差卡、面料贴样、样板或纸样等。

二、安排专职的检验人员

除了裁剪各工序的操作人员对各工序进行检验外，还要安排专职的检验人员，协助有关人员查找问题并及早采取措施，不让问题裁片流入下道工序。

三、要有严格、规范的操作规程和制度

开裁前要核对面料,具体包括面料的货号、结构、颜色、花型图案及数量。

开裁前检查样板或纸样,包括样板的组合数是否齐全,样板的形状是否正确。使用的纸样是否破损,是否遗漏定位标记等。

铺料前进行面料的松弛。所有面料,特别是卷筒的面料、针织面料和弹性面料,最好在铺料前进行面料的松弛,时间一般为24小时。以确保消除面料张力引起的拉伸变形。

第二节 裁剪方案的检查

在工业化服装生产中,产品品种多、数量大,各品种规格、数量不一定相同。为了最大限度地利用面料,减小损耗,同时方便裁剪各工序的顺利进行,需要制定裁剪方案。

一、裁剪方案及内容

所谓裁剪方案,就是在企业现有的生产条件下,依据合理用料和提高效率的原则,把生产订单中的规格、数量合理搭配,分一次或几次进行排料、铺料和裁剪。

裁剪方案的内容包括四部分:

① 整批生产任务分几床——— 床数;

② 每一床铺多少层织物——— 铺布层数;

③ 每一层排几个规格——— 规格数;

④ 每一层每个规格排几件——— 件数。

二、裁剪方案的检查

包括两部分内容:

1. 核对尺码、颜色、数量是否与订单一致

裁剪的数量以及各色各码的搭配是由订单所决定的,这是确定裁剪方案的前提。

2. 检查尺码、颜色、数量的搭配是否合理

在符合订单要求的前提下,还要考虑裁剪方案是否能够使面料的利用率最高,损耗最小,操作起来是否快捷方便,效率较高。因此,需检查裁剪方案是否合理。

第三节　排料画样品质控制

一、排料画样

裁剪过程中，对面料如何使用、用料多少进行有计划的工艺操作，称为排料。排料为铺料提供依据，影响面料消耗及服装质量，是一项技术性很强的工艺操作。

裁剪工程中，将排料结果画在纸上或面料上的工艺操作称为画样。

排料画样应在符合制作工艺要求及设计要求的前提下，尽可能节约面料，以降低面料成本。

二、排料画样的品质控制

排料画样的品质控制，主要从以下几方面进行：

① 检查排料图上的样板号型、规格及面料的品号、色泽、门幅等与生产通知单是否相符；

② 面料正反面有无错，各层正反面是否相同，各裁片方向是否一致；

③ 大小样板有无漏画或错画；

④ 排料图上衣片经纱方向是否偏斜，是否超出允许公差；

⑤ 衣片的倒顺向、拼接、对条、对格等是否符合技术要求；

⑥ 排料利用率是否低于技术科制定的额定耗用标准；

⑦ 画样线条是否清晰、宽窄一致，每个裁片的规格是否准确；

⑧ 省位、口袋位等车缝标记有无漏画、模糊不清或错位。

⑨ 排料图上各衣片之间是否留有空隙，如果余量不足，会影响裁剪的精度。一般余量的大小，取决于排料工的经验。

第四节　铺料品质控制

一、铺料的意义及内容

铺料又称拖铺或铺布。它是保证裁剪顺利进行的依据，必须严格按工艺要求进行。铺料时，要求布面要平整，一侧布边对齐，铺料的张力均匀，并尽量减小等。

二、铺料操作时的品质控制

1. 做好铺料标记

铺料时，应事先在拉布台上做好铺料的头端、尾端、布料衔接位置的标记。

2. 确保布面平整

一边铺料，一边整理布面，确保每层面料平整，不出现折皱、歪斜、波纹等现象。布面平整是铺料的基本要求，因此，应注意布面折皱的抚平和烫平，对于纬斜和纬弯也要及时进行矫正，以免样板与衣片形状或尺寸出现误差，影响成衣质量。

当织物布边张力过大并影响到布面平整时，可沿布边每隔一段距离剪一个小口，以确保布面的平整度，提高裁剪精度。

3. 各层面辅料的一侧布边对齐

铺料时，各层面辅料的布边要上下垂直对齐。因为面料的幅宽有一定差异，通常将面料的一侧上下层对齐，这一侧称为“里口”。相对于里口的另一侧，称为“远口”，也要保证在排料图确定的幅宽范围之内，防止混入不合格的窄幅面料，以免裁出不完整的裁片。

4. 每层面辅料的头尾端对齐

每层面辅料的头端，即铺料起手前缘应整齐，并稍超过记号线。每层面辅料的尾端，即落手也应剪齐，并稍超过记号线。

5. 尽量减小铺料拉力

铺料时，面辅料因受到一定的拉伸力，内部产生张力，从而伸长变形。当拉伸力去除后，面辅料会产生回缩。这种伸长变形，在弹性织物、针织物上尤为显著，会影响裁片的尺寸。因此，铺料时应尽量减小对面辅料的拉力。

对于卷装面料，在卷装时已经受到了拉伸，因此，铺料前，应先使面料拆散，抖松，在松弛状态下静止放置24小时后，再进行铺料。

6. 铺料衔接合理

铺料时，每匹布不一定刚好铺完整数层，因此需要在一层中与另一匹布进行衔接。衔接的位置根据排料图来确定，应选择排料图上样板在面料纬向交错较少的部位，为了最大限度地利用面料，一般1米左右选择一个衔接位置。铺料长度越长，衔接部位越多。

品质管理员应检查衔接位置设置是否合理，衔接长度是否符合工艺要求。

7. 布料放正，不歪斜

铺料时，应放正布料，使每层布料的布边与裁床边缘平行，布料的头尾端裁剪垂直。可以在铺料后，用尺子在布料层的两侧和头尾端作检查。

8. 注意避开面料疵点

铺料时,应注意面料上的疵点,包括验布时未标出的疵点是否在排料图的裁片位置上,并尽量避开。如果不能避开,应作出明显标记,并用剩余布料补裁。对于严重的疵点,可以开剪,并进行布料衔接。

第五节　裁剪品质控制

裁剪工序,是将铺好的布料层沿着排料图上的衣片线条用裁剪设备裁出一个个衣片。裁剪的品质控制主要反映在切口的质量上,切口应整齐清晰,干净利落。因此应注意以下几个方面:

一、裁前复核

裁剪前,严格按照要求检查面料、样板、排料图、定位标记、铺料等,可将其归纳为“五核对、八不裁”的制度。

“五核对”是:

① 核对合同、款式、规格、型号、批号、数量和工艺单;

② 核对原辅料等级、花型、倒顺、正反、数量、门幅;

③ 核对样板数量是否齐全;

④ 核对原辅料定额和排料图是否齐全;

⑤ 核对铺料层数和要求是否符合技术文件。

“八不裁”是:

① 没有缩率实验数据的不裁;

② 原辅料等级档次不符合要求的不裁;

③ 纬斜超规定的不裁;

④ 样板规格不准确、相关部位不吻合的不裁;

⑤ 色差、疵点、脏残超过标准的不裁;

⑥ 样板不齐全的不裁;

⑦ 定额不齐全的不裁;

⑧ 技术要求交代不清的不裁。

二、裁剪时严格遵守操作规程

包括裁剪的顺序、操作裁剪机时的姿势,裁片拐角的处理等。

操作规程如下:

① 开裁顺序为先横后直、先外后内、先小后大、先零料后整料、逐段开刀、

逐段取料；

② 拐角处从两个方向进刀；

③ 压扶面料，用力适中，不可向四周用力；

④ 裁刀垂直，上下不偏；

⑤ 保证刀刃锋利、清洁；

⑥ 按规定位置打好剪口和定位标志。

三、保证裁刀的锋利和清洁

按照规定，裁剪机操作一定时间后应进行磨刀，并清洁刀刃两侧，保持刀刃始终是锋利和清洁的。

四、控制裁刀的温度

为防止将裁片烫焦和熔化，应控制裁刀的温度，尤其在裁剪化学纤维面料时，因面料的熔点较低，裁剪刀刃与面料切割磨擦产生的热量会烫焦面料，有时也会发生切口熔化的现象，这会使缝制时工艺操作上产生困难，也直接影响服装穿着时的舒适感。为避免裁刀温度过高造成裁片的烫焦和熔化，可以通过降低裁刀和面料层的摩擦来实现，一般采用以下的方法：

① 保持裁刀的锋利；

② 在裁剪刀刃上涂上润滑剂；

③ 选择波形刀刃的裁刀；

④ 减少铺布层数；

⑤ 使用防熔化的隔纸和底纸；

⑥ 降低裁剪机的速度；

⑦ 间断操作，裁剪机运行一段时间后，可以停顿一段时间。

第六节　裁剪工艺常见疵病及改善措施

这里的裁剪工艺是指广义上的裁剪，包括验布、排版、铺布、推刀、捆扎、打号等工序在内。下面，我们针对裁剪工艺常见的质量疵病进行分析。

一、色差

1. 服装的色差现象

服装的前后片接缝处不对色、零部件与大衣片不对色为常见的色差现象。对于色差，国家标准对不同种类面料、不同种类服装规定了明确的标准，评定色差采用GB 250—95评定变色用灰色样卡。但是，一些外贸定单对于色差的要求超出了国家标准。对于内销产品，随着人们对生活质量要求的提高，对色差的要求也越来越高。因此，色差问题不容忽视。

2. 产生原因

产生色差的最根本原因是面料问题。纺织企业由于各种原因无法避免出现颜色的匹差、段差、主辅料之差。色差包括边色差和段色差（又称为纵向色差），边色差又分为左右色差和边中色差，段色差包括色档、色条、白花等。实际操作中，由于辨别色差对光线要求较高，色差很难在验布机上验出，只能通过目测。评定色差时，要求被测部位纱向一致，视线与被测部位成45°角，距离60cm进行目测。一般在验布的同时剪下每一匹布的布头布尾，缝合在一起，再将左中右缝合，这样，就很容易辨别出有无左右色差、纵向色差，为下一步裁剪如何采取对策避免色差提供重要参考依据。色差的产生还有可能因为裁剪车间对有轻微色差的面料排版不当；铺布时弄错正反面；打号时错层、错版等。

3. 改善措施

① 通过验布，控制面料的色差在一定范围内。对面料色泽有严重差异的，验布时要做好标记，个别处理。

② 排版时避免色差。排版时必须坚持缝合衣片就近原则，对于左右色差的面料，则同一件衣服顺一边排。对于段色差的面料，排版时尽量缩小纵向距离并应避免版长过长，同时不能双向铺布。根据坯布的组织结构，注意铺料倒顺向。特殊产品各部分应保持坯布顺向一致。排版时，应首先考虑重点部位（如上衣的前片），然后将贴边、领里、贴袋、腋下等隐藏部位放在色差无法避免的地方。这样，即使面料有轻微色差，在服装成品上也不易看出。根据坯布的组织结构，注意铺料倒顺向。特殊产品各部分应保持坯布顺向一致。

③ 通过加强责任心、健全检验制度，可以避免铺反布、打错号、分片错层等其他原因产生的色差。

④ 当面料确有色差问题且无法通过上述方法解决，换布又来不及时，还可以进行成品修色。因其技术难度较高，需找专业的修色公司来做。

二、裁片尺寸与样板不符

1. 产生原因

裁片尺寸与样板不符表现为裁片之间不吻合或成品尺寸不正确。其原因可能来自于面料问题和排版、铺布、推刀不当。有些面料存在布边过松或过紧现象，这会影响到排在布边的裁片尺寸。易变形的弹性面料，剪、裁时用力不匀或布边过紧，都会造成尺寸小于样板。排版时样板偏移、画线不准确、画线过粗、压线排版也可能造成衣片与样版不符。铺布对于衣片尺寸影响最大。铺布之前面料未自然放松24小时、拉布时未能自然放平，铺布时各层布边没有对齐，都是造成尺寸不符的原因。裁剪时推刀不当则是造成裁片尺寸不合格的直接原因。走刀、偏刀的结果是裁片形状与样板不符。裁刀过热则导致化学纤维裁片周边热缩，裁片粘连、尺寸变小。

2. 改善措施

解决裁片尺寸与样板不符的关键在于人的责任心和技术水平。

排版时应严格执行核版制度。对于易变形的面料一定要用排版纸画排版图（又称版皮）而非直接用面料来画。排完版后要由技术水平高、有责任心的人对版皮进行严格审核。版皮审核无误方可使用。画样板时用手将样板轻轻压住，划粉紧贴样板画线，画线要细，走线清楚、均匀，画样板过程中样板不得有移动现象。排版时应尽量将小部件安排在布边处。

铺布是保证裁片尺寸最关键的一步。面料一定要自然回缩24小时方可使用。铺布层数不宜过多。拉布时用力均匀，避免过松过紧、松紧不一，否则会影响尺寸。弹性面料应格外小心。

对于布边过紧的面料，需视情形在布边处打刀口，以避免布边过紧造成布边内卷、推刀困难、裁片尺寸不合适。布边松则比较棘手，除了排版时尽量避开布边外恐怕只有照样板裁剪衣片。对于易变形的面料，尽量让技术好、责任心强的操作员剪裁。

使用电裁刀裁片时要推刀稳、进力准、出刀慢，在裁剪弧度位置时要将布料适当压住，手的用力左右要均匀，防止布料滑移。操作人员要认真细心，必须保证电裁刀处于良好状态，裁刀过热时应换裁刀操作或让裁刀冷却片刻再进行推刀。带刀裁布料时送布速度要稳，不宜过猛，两手应将布料压紧，左右用力均匀。

裁剪车间是一个问题多发区，容易发生的问题还有很多，只有不断提高从业人员的素质，加强从业人员的责任心，不断采用先进的技术和设备，才能更好地保证裁剪质量。

裁剪后应将底层裁片和上层裁片与样板尺寸核对，若发现裁片尺寸略小于样板尺寸时，应及时通知缝制车间通过缩小缝头予以弥补。

思考与练习题

1. 如何规划裁剪工艺的品质控制？

2. 在裁剪工艺中两大常见质量问题就是色差和尺寸不符。请分析其原因，并说明如何避免。

第五章　粘合品质控制

第一节　粘合衬的选择及压烫工艺条件的确定

一、粘合衬的选择原则

粘合衬种类繁多，性能各异，对粘合衬的选定，必须在充分了解粘合衬的质量、性能、特性后方可进行。根据服装款式、洗涤要求、面料、粘合衬的种类及用于服装的不同部位，粘合衬的选定有不同的要求。

1. 服装

应根据服装的款式、服用性能、穿着年限及洗涤方式（水洗还是干洗，洗涤剂的选择等）来选用衬布，使服装在穿着年限内保持优美的外形。例如，童装、衬衣应选用良好的耐水洗的衬布。

2. 面料

应考虑面料的组织结构、手感、厚度、弹性、热学性能、尺寸稳定性等方面性能来选用衬布。例如，对真丝类薄型面料，为防止产生渗料和色差，应选用细小颗粒的粘合剂，且因为真丝不耐高温，应选用低熔点的粘合衬布。对光滑面料，应选择胶粒细小而粘合力强的粘合剂；对厚重面料，应选择胶粒较大的粘合衬；对弹性面料，应选择与面料弹性相似的粘合衬；对尺寸不稳定面料，应选择与面料的伸长和收缩类似的粘合衬。

3. 粘合衬

应考虑粘合衬的品种、规格、特性及底布的组织结构和性能、热熔胶的种类等来选用。例如，聚酰胺热熔胶耐干洗，耐40℃水洗，粘合性较好，适合西服和外衣用衬；聚酯热熔胶，耐干洗，耐60℃水洗，适合涤纶纯纺织物用衬。

4. 用衬部位

服装的不同部位，对用衬要求不同，大衣、西装等服装的前身部位，粘合面积大,要求具有良好的保形性,应选择粘合牢度大的粘合衬; 领、袖口、袋口、袋盖等小部位的粘合,粘合牢度可稍低,但手感和耐洗性应与前身部位相同; 领头、驳头和门襟部位,应选用具有较好的保形性能的粘合衬。

二、粘合衬的选择程序

粘合衬的选择应该在制作确认样时就进行考虑。一般根据服装的服用性能、耐干洗或耐水洗的要求,选择符合粘合牢度要求的衬布,在确定压烫条件时要考虑面料的热收缩和变形等,保证面料不受损伤。

① 根据所制服装的面料、款式、用衬部位、服装用途四个条件,预选粘合衬,通过试验和测试论证其选择的正确性。

② 确认符合产品设计要求的面料、纤维组织,设定适合该面料的粘合温度(例如:天然纤维为160℃,合纤为140℃)。

③ 根据面料组织设定压力,一般机织物为0.03MPa,编织物为0.02MPa。

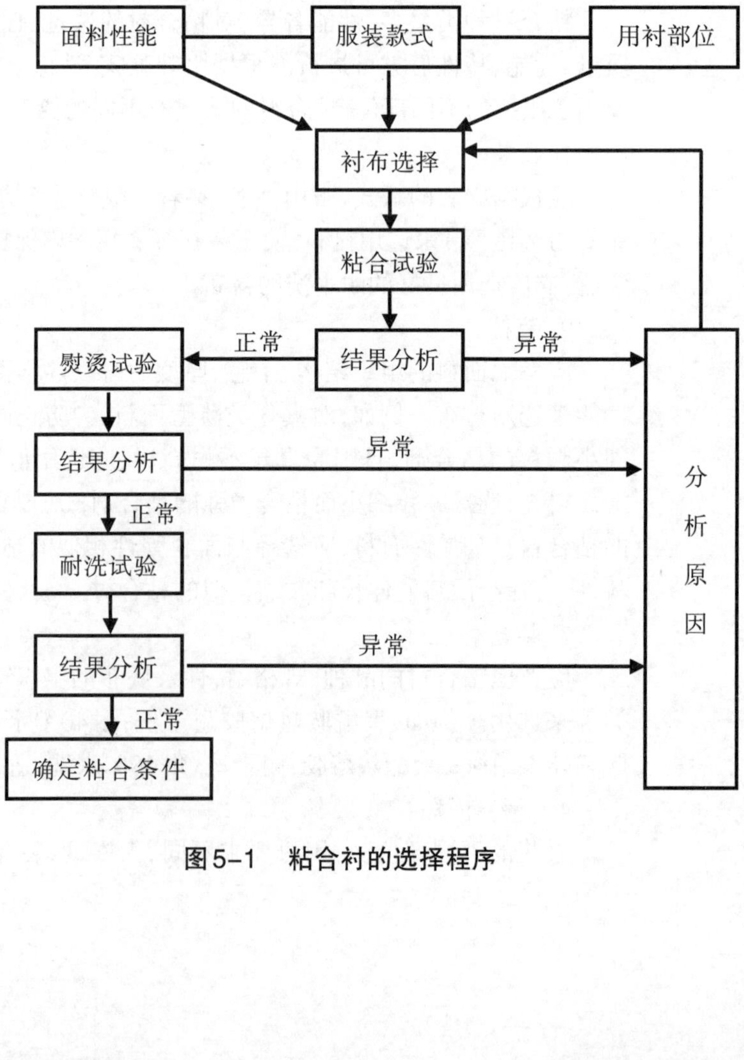

图5–1 粘合衬的选择程序

④ 根据面料重量、厚度确定粘合衬，设定压烫时间。在设定压烫时间时，应参照粘合衬厂推荐的压烫条件，结合粘合机的实际状态、环境条件、工作经验等来综合考虑。

⑤ 进行粘合试验。参照上述程序，预先确定粘合温度、压力、时间，通过试压后，按粘合质量检验的全部项目或部分项目指标进行测定，如果测试不合格，需变更粘合衬或调整粘合三要素的，需再次进行小样粘合试验，直到测试合格或粘合满意为止。

⑥ 上述测试结果全部满意后，则可确定最终使用的粘合衬和粘合温度、压力、时间三要素，才可按此条件投入批量生产。

三、粘合工艺参数的确定

通过粘合衬的产前试验确定粘合工艺参数

1. 粘合试验

主要为了确定粘合工艺条件及验证衬布的选择是否正确。

粘合工艺参数有温度、压力和时间。主要取决于衬布上热熔胶的熔点、粘度、结晶度，底布的热传导性，面料的厚度、导热性、表面状态，粘合设备的工作原理、加热方式等。

衬布供应商在提供衬布的同时，一般附有参考粘合条件，此条件是产前试验的重要依据。但不同的压烫设备及面料，压烫效果也不同。服装企业在正式生产前，有必要按照衬布供货商提供的压烫条件进行粘合试验。

面料和衬布压烫后，要测试剥离强度、压烫尺寸变化率，评定面料的外观变化和手感。

2. 粘合后的熨烫试验

服装衬布粘合后还要经过缝制、熨烫等加工过程，有可能发生粘合强度的变化、渗料及面料的变形，因此还有必要进行粘合后的熨烫试验。熨烫后需测试尺寸变化率，评定面料的外观变化。

3. 粘合后的耐洗试验

考虑服装的洗涤要求，对粘合后试样进行水洗或干洗试验。

尽量按照服装的实际使用情况来进行洗涤试验，以反映真实的耐洗性能。耐洗试验后，需测试洗涤后的剥离强度、尺寸变化率，评定外观变化。

四、压烫机的检测

压烫机是粘合时的重要设备，压烫条件是影响粘合牢度的重要因素，当压烫条件决定以后，压烫机的稳定性就是粘合品质的重要保证，因此，对压烫机的日常检测就是粘合品质管理的重要内容。

1. 平板压烫机的日常检测

① 温度的检测　由于平板压烫机的压烫板表面温度的不均匀性，需要将压烫板表面分成若干个区间，检测时分别测定各个区间的温度，同时还要检测温度自动调节器的灵敏性。

② 压力的检测　主要是检测压力表是否准确，压烫机平板的压力是否均匀。

1	4	7
2	5	8
3	6	9

图5-2　压烫板分区

2. 连续压烫机的日常检测

① 温度的检测　将烘房温度按照幅宽方向划分四个区域，利用测温试纸测温，如果区域的温差超过10℃，需要进行调整。通过反复测试和调整，确保温差符合要求并稳定。

② 压力的检测　主要检测粘合后左右两侧的剥离强度是否有较大差异，或在一侧是否有渗料现象，如果出现这种情况，就要考虑更换压辊。

③ 传送带的清污　压烫机使用一段时间后，传送带会被粘合剂沾污，应及时进行清理。

第二节　粘合质量检验

一、粘合质量的检验

粘合质量可从三个方面反映：粘合牢度、外观和尺寸的变化。粘合质量可以直接进行这三方面的检查、测试，也可以通过洗涤前后这些指标的变化来反映。

1. 粘合牢度检查

粘合牢度一般用剥离强度来表示，需要用剥离试验仪、强力机等相应的测试设备来测试。测试时，可从服装成品（或半成品）上按一定抽样规定剪取宽2.5cm、长25cm的粘合后面料三块作为试验样品。也可剪取长25cm、宽15cm的粘合衬样品，再剪一块长28cm、宽18cm的标准规定面料，按照压烫条件使样品与面料粘合，压烫后在标准状态下放置24h以上。将粘合后的试样剪成宽2.5cm、长25cm的布条三块，并将三块试样预先剥开一部分，留下5cm的未剥离部分。将试样置入剥离试验仪（或强力机）的上下夹头内，夹距为10cm，以（10 ± 0.5）cm/min的速度进行剥离试验。分别读取三个极大值和三个极小值，取其平均数作为一个样品的剥离强度，连续测试三个样品，取平均值作为试样的平均剥离强度。

2. 外观的检查内容

① 粘合后面布是否起泡起皱；

② 面布表面是否有粘胶溢出；

③ 面布粘衬后是否产生变色现象；

④ 粘衬后面布是否作出所希望的风格。

3. 尺寸检查

尺寸的变化可以通过粘合前后或粘合后熨烫、摩擦、洗涤等处理前后尺寸的测量来反映。一般可用缩率、缩水率、热缩率等指标表示。

二、粘合质量常见疵病及改善措施

由于面料与衬料的不配伍或粘合方法不当，会出现各种粘合质量问题，这里选择粘合衬使用时常见的质量疵病，分析其产生的原因，说明如何防止这类现象的发生。

1. 脱胶

1）现象

粘合衬布的脱胶现象，分为部分剥离与全部剥离两种，出现较多的是部分剥离。面料和衬布发生一部分的脱离，使脱离部分的面料隆起。

2）产生原因

① 粘合条件不合适。压烫温度过低，压力过小，时间过短；或者压烫温度过高，使胶粒泳移；或者发生了两次压烫，第二次压烫温度高于第一次，使面料与衬错位。

② 粘合衬的选择不恰当。粘合衬的热熔胶类型不适合所用面料。

③ 粘合机的性能不良，导致压烫温度、压力不均匀。

④ 上述因素复合发生。

因复合原因导致的剥离，如收缩率很大的面料，穿着、洗涤后其粘合力降低，经蒸汽整烫，使热熔胶软化，加上面料的伸长而发生部分脱落。再从面料本身来看，有容易粘合的布料和不容易粘合的布料两种。不易粘合的布料有：纱线的捻度很强、经纬密度很大的织物；纱线起毛很少的织物；经过硅处理的布料等，对这些布料的贴衬要特别小心。

3）改善措施

粘合中假粘现象产生的危害是很大的，它往往造成大量制成品不合格，或用户使用过程中的大量投诉，给企业带来不可估量的损失，必须在早期加以检查发现，如属于粘合条件不合适或粘合机性能不良的，应在缝制加工之前进行重新确定和调整即可解决。另外针对脱胶这一重大缺陷，还必须严格选定与面料相适合的粘合衬，在大量投产前需做压烫试验，有必要时还要做耐干洗、水洗试验。

2. 表面粗糙

1）现象

粘合后面料表面变得粗糙或凹凸不平，手感变硬。

面料与衬布是通过热熔胶而紧贴成一体的。面料表面变粗糙是在粘贴状态下，受到衬布和胶的影响，使面料表面发生小凹凸，或是由于面料与衬布的伸缩不同而使面料表面变粗糙。

表面易变粗糙的布料有：①表面平滑，小凹凸的影子容易显现的面料（如：绉绸、纺绸、富士纺等）；②表面比较平滑，薄而软的面料；③伸缩性比较大的布料（如：华达呢）。

2）产生原因

粘合后表面变粗糙，大多因为对表面易变粗糙的面料没有选好适当的衬布或者衬布涂胶量过大，底布粗糙，表面不光滑所致。

3）改善措施

选衬布时需掌握三个原则：①衬布的基布要平滑、比较薄；②粘合剂的胶点比较细；③选用和面料具有相同伸缩性的衬布。当然在实际操作时，往往因缺乏经验，很难把握，因此，必须通过试验来判别。用大一点衬布裁片做粘合试验，待粘合30min后，放在能显示凹凸影子的灯光下加以判断，然后再用蒸汽促使面料朝变粗方向变化，再在灯光下照射，两者进行对比，如果没有明显变粗糙，则以上衬料的选择是可行的。

3. 压扁布纹

1）现象

贴衬后，面料表面的毛绒被压倒或者有凹凸的表面成为平滑状态，有贴衬的部位和没有贴衬的部位反差明显，外观很难看。

2）产生原因

有些织物布纹容易被压扁，如粗毛布、天鹅绒、英纱绒等，布面有起毛或凹凸，又很容易因热度或压力而压倒起毛或压扁凹凸。

3）改善措施

由于面料的起毛或凹凸是因粘合的温度和压力造成的，因此需要在保证粘合强度的前提下，采用低温粘合，选择能进行低温条件下粘合的衬布。对有些面料，在贴衬后用蒸汽可以恢复压扁的状态，有时在最后成衣整烫工序时的蒸汽也可帮助恢复原状，在做压衬试验时，要注意这一点。

4. 面料手感和颜色的变化

1）现象

贴衬后，面料的手感变硬或变软，颜色也发生改变。

2）产生原因

这种现象在粘合耐热性很低的面料时容易发生，几乎都是因粘合时的高温而产生的面料变化。

3）改善措施

对耐热性低的面料，最重要的是选择能进行低温粘贴的衬布，同时要弄清面料本身的热学特性。然后选择与其热学性能相适应的衬布和粘合条件进行粘贴。需要注意的是，这种耐热性很低的面料，不仅是手感和颜色的变化，往往还带来表面变化或厚度变化，在缝制工序中的手烫处理或整烫处理，也容易引起变化，甚至在穿着后的洗涤中都可能发生问题，因此在选择这类面料贴衬要十分小心和慎重。

5. 衣片正面渗胶

1）现象

贴衬后，面料正面出现部分渗胶，影响衣片的外观、手感以及粘合牢度。

2）产生原因

① 粘合时，压力过大，温度过高。

② 粘合衬选用不当，如粘合衬的胶粒过大，涂胶量过大。

3）改善措施

选择、调整好粘合工艺参数，并在粘合时严格控制，防止粘合时压力过大，温度过高。选择薄型的粘合衬或者涂胶量小的细粒粘合衬。

6. 衣片卷曲

1）现象

因面料与衬料的伸缩性不同，从粘接面发生向面料方或衬料方卷曲现象。面料尺寸短时发生倒卷（外卷），面料尺寸长时发生内卷。另外卷曲的状态随着环境变化（主要是湿度变化）而变化。容易产生卷曲现象的面料，主要是那些经粘合机加温、加压后容易发生缓慢收缩或热收缩的布料或是因湿度变化导致尺寸变化的布料。

2）产生原因

① 面料与衬布的热收缩率不同，在贴衬时产生卷曲。

② 在粘合过程中，面料或衬料因湿膨胀等发生尺寸变化状态下完成贴衬，后来面料或衬布要恢复原来尺寸时，其回复力会产生卷曲。

③ 因环境湿度变化，贴衬后的面料或衬料发生尺寸变化而引起卷曲等。

3）改善措施

防止卷曲现象需做好以下三点：

① 选择与面料热缩性相同的衬布。

② 衬布和面料的热缩率不一致时，可进行预缩处理，消除面料或衬料潜在的收缩。或者，当衬布的热缩率大时，更换衬布，面料的热缩率大时就预先压烫。

③ 对于湿缩大的面料，要选择与其相配伍的衬布。

7. 衣片正面起泡

1）现象

贴衬后，面料正面出现起伏不平的起泡现象，影响衣片的外观、手感以及粘合牢度。

2）产生原因

① 面料和衬布的热收缩率不一致。

② 粘合衬质量低劣，如涂层不均匀。

③ 压烫温度、压力不均匀。

④ 粘合后未冷却就将衣片卷曲或折叠。

3）改善措施

针对衣片起泡产生的原因，采取对应的措施：

① 选用与面料的热收缩率相近的衬布。

② 选择品质较好的粘合衬。

③ 加强压烫设备的每日检测，稳定压烫条件。

④ 加强管理，保证粘合后衣片的充分冷却。

8. 波纹现象

1）现象

贴衬后有时在面料表面出现木纹状的波纹。薄料和透明性高的面料易出现这种问题。

2）产生原因

这种波纹现象是由于有规则性的面料组织和同样有规则性的衬料基布的组织相干涉而发生，对没有织物组织的非织造布衬料，则不容易发生这类问题。

3）改善措施

波纹是透过面料表面看见的织物组织的干涉状态，因此无法事先预测，需要进行产前的压烫试验来判断。在进行粘贴试验时，必需确定衬布布纹的方向，因衬布布纹的方向不同，干涉状态也会不同。

9. 尺寸发生变化

1）现象

贴衬部件因温度变化发生收缩与没有贴衬的部件之间产生尺寸差。例如：前身有贴衬，后身没有贴衬，当发生前身收缩时，就无法和后身进行正确的缝合。

2）产生原因

面料的收缩是因纤维本身或纱线本身的热收缩及织物组织在织造过程或在整烫过程中缓慢产生的张力所导致的缓和收缩。一般来说，聚脂纤维类面料的热收缩比较大，毛料的缓和收缩比较大，在组织结构上来看，针织面料具有更大的缓和收缩的潜在性。

3）改善措施

要消除面料的热收缩或缓和收缩，最有效的方法是进行缩水处理。对布卷卷得很紧或具有伸缩性的布料，在拉布之前先要松卷，有的面料这样做是很有效的，当然哪些面料需要松卷，需要通过试验加以确定。

因贴衬条件不同也会发生热收缩或缓和收缩。防止发生收缩的方法有：

① 选择能以低温粘合的粘合衬；

② 贴衬条件是由温度、压力和时间三方面因素综合决定的，所以应选择不容易发生收缩的粘合三要素组合，例如温度降下10℃，相反把加压的时间加长等等，但温度不能低于衬布热熔胶的胶粘温度。因收缩产生的尺寸变化，可能有面料和衬料两方面的因素，因此要综合考虑其影响。

针对收缩产生的尺寸变化可采取以下对策：

① 在裁剪之前把面料进行缩水处理，把收缩率控制在1.5%以内。

② 确认衬布本身的收缩以及对面料有多大影响。

③ 在保证粘合牢度的条件下，尽量降低粘合温度。

④ 预先测定收缩率，在裁剪时放大尺寸。

⑤ 首先进行粗裁，待贴衬后再加以精裁。

显然第⑤项措施是不得已而为之，其效率低，浪费材料，应尽量不采用。

10. 辊式粘合机产生的皱纹

1）现象

贴衬后，面料会产生波纹或皱纹。这种皱纹的发生，大多因为辊式粘合机构造上的问题所致。辊式粘合机是以回转的上、下两副输送带将裁片送入加热区升温，待热熔胶熔化后，在粘合机出口处通过压力辊加压粘合，当裁片的输送状态与出口处的辊筒状态不良时易产生皱纹。

2）产生原因

① 加压辊筒的横向加压不均匀，使裁片在压力加强的方向拉走而发生布料扭歪而产生皱纹。

② 因压力辊筒橡胶疲劳或老化，硬度起变化，橡胶的厚度变得不均匀，使加压不平衡。

③ 上、下输送带之间输送裁片的状态和加压辊筒加压已输送布料之间发

生的微小差动进给，造成布料推进辊筒产生皱纹（布料被加压辊筒拉进这种情况一般不会产生皱纹）。

3）改善措施

更换粘合机加压辊筒，调整加压辊筒的横向加压平衡、输送带的张力状态等等。

思考与练习题

1. 如何进行粘合品质控制？
2. 如何检验粘合质量？
3. 举例说明一种常见粘合疵病，并说明如何解决。

第六章　缝制品质控制

缝制工程在服装生产中占用车间最大、工序最多、设备最多、操作人员最多、耗时最长，其品质控制的任务也最繁重，机械状态不良、操作工水平较低都会产生车缝品质不良的问题。100%的最终检验只能对最终产品的品质作出判断，并不能保证产品品质，而且最终检验发现的不良品，有些疵点无法改正；有些疵点数很多，修正量很大；有些返修花费的工时超过正常工时的几倍，大大增加生产成本，还会影响交货期。

因此，缝制工程的品质控制，应该有整体的规划和管理。首先应有一定的预防措施，防止疵点的产生。其次，及时地在缝制过程中发现问题，并采取措施加以解决，防止疵点的继续产生。最后，通过品质检验，进行把关，不让不合格品出厂。

第一节　缝制生产前的要求

一、缝制前的核对

① 领取衣片时，核对衣片是否与生产通知单中的批号、规格及款式相符合。

② 核对每包或每扎的裁片数。

③ 核对衣片规格尺寸是否符合。

④ 核对工艺单和样衣是否符合。

⑤ 核对裁片需组合部位是否吻合。

⑥ 核对辅料、衬料与面料是否匹配。

二、缝制材料检查

包括对面、里料的检查；对缝纫线和衬布进行检查；对其他辅料如垫肩、拉链、裤钩、钮扣等进行抽样检查。

三、缝制标准的检查

包括各部位缝制顺序、采用的线迹、缝型等；各部位对条、对格、对图案的具体规定；特殊缝制要求的规定。

四、缝制设备的检查

包括缝制设备日常的清污、维护保养、工艺参数的调节等。

五、新款投产前的工作

新款上线前，要考虑新款式投入生产线的不适应性，事先充分做好技术措施，并且安排较少的日生产任务，保证新品的质量。

技术人员要向每位操作工说明所操作工序的缝制要点、有可能产生的疵点及相应的防范措施。缝制要求应展示在每个机台上，正确的首件封样、尺寸规格、工艺要求，甚至标明错误的服装半成品、成品的次品都可展示在生产线上。

检查缝制专用工具与夹具是否正确、齐备，检查缝线张力与针距是否正确。

第二节　缝制工序品质控制

一、缝线张力和针距的每日检查

一般，设备的工艺参数由技术人员已经事先调节好。操作工只需每日生产前清洁设备，但是随着设备的运行中缝制设备上螺丝的松动，有关工艺参数也可能随之变动，在成品上常常会出现缝线张力或松或紧、针距不符合要求的情况，这就形成了缝制疵点。

因此，检查缝线张力和针距应该成为每天必做的工作，列入车缝工序的操作规范中。

二、缝制过程中检验点的设置

检验点，是指缝制过程中设置的中间检验。检验点设置得合理可以大大减少返修工作量，减少生产成本，而且即时发现质量问题，也可及早找出问题的根源，控制不合格品的产生。

检验点的位置设置根据不同款式而不同，一般考虑工序的多少、难易程度、生产量的大小、工人的技术水平、产品的档次等。主要设置原则为：

① 检验点尽量设置在组合工序之前，这样检验点检验出的疵病，就在组合工序前进行返修，在返修时就不必拆开完好的制品。

② 检验点的工序应不被后面的工序所覆盖。

③ 合理配置检验员，并提供适当的工作量。

三、对关键工序和特殊工序的控制

服装生产的关键工序一般操作技术难度大，对操作人员的岗位技能要求高，并且容易出现质量问题，例如做领子、绱领子、手工开袋、绱袖子等工序。对这些关键工序，除了应对机器设备、材料、人员、加工方法和环境等五大因素进行控制外，还应设立质量控制点，针对关键工序的质量特性和容易出现的质量问题规定控制条件，采取预防措施。

特殊工序是指加工的质量不能由后续的监视和测量加以验证，其加工的缺陷只能在使用后或后续工序中才能暴露出来，或者只能通过破坏性试验才能得出结论的工序。服装生产中的粘合工序就是必须实行严格控制的特殊工序。可采取以下措施：对产品使用的面料、衬布的性能进行测试；对粘合设备及粘合中使用的仪器仪表进行同期检定和校准，对操作人员进行培训，考核合格方可上岗操作；严格执行工艺规程等。此外，建立质量控制点也是必不可少的手段。

四、检验员的配备与巡回检查

根据制品品质稳定性和操作工的流动情况，配备足够数量的检验员，一般操作工与检验员的比例至少应达到30∶1。如果企业新的操作工较多，或者新品上线，品质不稳定，则检验员的人数应增多，反之可减少。

为避免检验员长期在某条生产线工作，影响检验的严格性，最好让各组或各生产线的检验员经常调换。

检验员在检查过程中，不允许随手帮助操作工去除一些疵点，例如剪线头，去脏污等，应该让操作员来修改，并将其作为一个疵点来记录，以防止此类疵点再次发生。

缝制车间的巡回检查是指检验员在生产现场按一定的时间间隔或加工产品的一定数量间隔，对有关工序的产品质量进行检验。对生产部件的工序每天至少检查一次，对缝合工序每天至少检查两次，对新操作工，在确定能达到合格标准之前，每天至少检查三次；对发现有病疵的工作，必须检查到病疵彻底解决为止。为避免操作工具有侥幸心理，检验员可随机安排巡回检查路线，不要形成规律。

五、操作工的自查

操作工的自我检查，一方面要求其熟练掌握本工序的操作技巧，领会技术质量要求，另一方面要求操作工应有一定的责任心。通过操作工的自查，可以在第一时间控制不合格品的产生，避免大的返修量。

六、各工序的倒查

为确保不合格的在制品不流入下道工序，要进行工序倒查，由下道工序对上道工序进行检查，不合格品要退回上道工序返修。

七、断针管理

在服装检验中，出现断针就意味着产品的安全得不到保证，在日本、美国等国家，一旦发现衣服上存在断针，一根断针的处罚额度高达5万美元。因此必须重视对断针的管理。

为了保证成衣中无残留断针，除了可以通过验针机进行检验外，更重要的是通过严格的管理来杜绝断针。一般断针管理的措施如下：

① 由专人负责缝针的发放、调换及记录；

② 操作工应持旧针去换新针，如果某一截断针找不到，就需把有关的在制品进行检针；

③ 负责缝针的管理人员做好调换记录，并将断针粘贴到记录表上。见表6-1。

表6-1　断针管理表

车间：			班组：		断针管理员：		
月/日							
款号/订单号							
颜色或色号							
尺码							
工序/部位							
换针人姓名							
粘贴回收针							
检针人姓名							
负责人确认							

第三节 不合格品的管理

一、不合格品的管理步骤

强化不合格品的管理，首先应该及时掌握企业、车间班组在一定时间内生产现状，质量现状和发展动态，建立健全质量的原始记录。一般质量状况的统计分析是按照规定的质量指标来进行的，这类指标有两类，一类是产品质量指标，如产品等级率、寿命等；另一类是工作质量指标，如废品率、返修率等。有关合格品的统计及不合格品的返修、报废，都要有记录、有凭证。

其次，根据原始记录，定期进行产品质量的汇总统计。

最后，定期召开不合格品的分析会议。组织有关人员进行不合格品的分析研究，找出原因，并采取有效措施，防止此类质量问题再次发生。

二、不合格半成品的控制

对于车间查出的不合格品，需要根据半成品上记录的车位工号退还给工人返工，返工后再经过检验人员检查，直至合格为止。对于无法返修的半制品，要上报上级主管，对所有检查出来的不合格半制品（包括可以返修的、无法返修的）都要记录在案。

有些工厂采用五联单形式的不合格品标签，目的就是为了便于质量跟踪，而且无论检验人员、车缝组长，还是操作工使用起来都很方便。五联单不合格品标签见表6–2。

表6–2 五联单不合格品标签

◯ NO. 第三次检验 操作工：	◯ NO. 第二次检验 操作工：	◯ NO. 第一次检验 操作工：	◯ NO. 复检 工序： 操作工： 日期和时间：	◯ NO. 存根 工序： 操作工： 日期和时间：

如果在检查中发现不合格产品,检验员用显著的红色标记将疵点标出,并填写五联单标签上的内容,将存根联撕下保存,其他四联附在该捆包上交给车缝组长。

车缝组长在收到不合格捆包后,立刻和操作工一起研究疵点,分析原因,确定改正措施。操作工还要自检不合格捆包中的其他制品,并改正所有疵点。

操作工将改正后的捆包,附上复检联交给检验员,其他三联分别附在他随后生产的三个捆包上,由检验员确定该操作工在改正疵点以后的车缝品质是否正常。

检验员按照标准检验这些捆包,确认合格后,收回三张检验联;如果不合格,就另开一张五联单给车缝组长,直至该操作工达到合格为止。

通过这样的方法,可以及时纠正该出现疵品操作工的生产疵品率,并防止其再犯同样错误,也可以将发现的问题及时警示其他操作工,这样就大大降低了整体疵品率,减少了返修工作量,从根本上提高了生产效率。

三、不合格品的统计分析

最原始的质量检验记录,是通过车缝品质日报表的形式,可以每周或每月做一次汇总,并将汇总结果记录在年报表上。

企业也可以为每一位操作工建立一份品质状况报表,以便管理层掌握每一位操作工的技术水平、品质状况以及他们的提高程度。让操作工明白自己的实际情况,激励他们不断提高。

在有关原始记录基础上,还可以对废品、返修品等进行分类统计,将各类数据资料汇总编制成表;进而进行单项分析和综合分析。

例如,进行车间返工的统计分析。车间每周都要统计各工序的返工情况,并交由品管部做一份车间返工分析对照表。由此查找容易发生质量问题并导致返工的工序,分析深层次原因,采取措施,杜绝此类问题再次发生。

又如,对不合格品统计,可以首先采用分类法,将纷繁杂乱的不合格品情况进行汇总;然后采用排列图法,对各类不合格品进行排队,看哪种质量问题出现最多,影响最大;最后,对主要质量问题采用因果分析法,分析其产生原因,从而采取措施予以解决。

四、不合格品隔离制度

为避免不合格品与合格品、优质品混放在一起,使检验成果付之东流,最终影响产品质量和企业信誉,使企业蒙受不必要的损失,企业应建立不合格品隔离制度,具体内容包括:

① 检验操作台旁边有专门存放不合格品的容器，并用醒目颜色的线条将其区域划分出来。

② 经检验可以返修的次品，登记后退回原生产车间、小组返修，返修后经检验合格，方可放在合格品处，并在返修登记一栏处注销。

③ 对不能返修的废品，填写产品报废单，并通知有关生产小组、车间补做。

④ 对外单位退回的次品，应有专人跟踪处理、解决，不使其混入合格品中。

五、不合格品技术档案

各种不合格品的统计分析资料必须妥善保管，形成完整的技术档案。这些资料内容包括产生质量问题的工序，产生的原因，采取的措施或者补救办法等，由此可以总结质量问题发生的规律，以便在以后的生产中加以预防，也为新产品的生产提供技术保障。

第四节 缝制工艺常见疵病及改善措施

一、缝口纰裂

（一）现象

服装缝口纰裂是指服装在使用过程中受到外力的拉伸作用时，在接缝处面料纱线产生经向或纬向滑移，致使缝口脱开。纰裂主要发生在衣服的背缝，袖窿缝，裤、裙臀部下摆等缝合处受力较大的部位，轻者纰裂2~4mm，影响美观；重者纰裂6mm以上，甚至全部滑脱，影响穿用。此类问题是近年来消费者投诉较多的问题，占到投诉总数的30%左右，给消费者带来极大的经济损失。下面就对纰裂现象这一问题作如下浅析。

（二）产生原因

1. 服装面料

纰裂的主体是服装面料，即缝合处面料经纬纱发生错位，因此面料质量好坏是影响纰裂的重要因素，占主导地位（80%左右的纰裂是缘于此），容易产生纰裂的面料为长丝织物，如真丝、化纤仿毛织物、化纤仿真丝织物等。主要与织物设计和织物风格有关，如经纬纱的捻度、纱线线密度、组织结构、紧度等诸多要素。

1）纱线捻度

为突出织物表面颗粒状的主体效果，有些织物采用经向纱无捻、纬纱强捻的工艺设计，使经纬纱之间摩擦系数减小，纱线光滑，抱合力差，容易产生经纬纱在纬向滑移，如重磅真丝、花瑶等面料易产生纰裂当属此类原因。

2）纱线线密度

经纬纱线密度相差过大，交织点双方的接合面差异增大，摩擦面积减小，较粗的纱线易在较细的纱线上滑移。

3）织物组织

在同等条件下，平纹组织较斜纹组织更易纰裂。

4）织物紧度

轻薄松散性织物因织物紧度偏小，纬经排列松散，有外力作用时，纱线容易移位、纰裂或滑移。

2. 缝制质量

缝制是服装加工的重要环节，直接关系到服装的牢固、耐用性，各类服装标准中对缝制都有明确的规定和要求，影响服装纰裂的主要缝制因素是针距密度、包缝和缝边，在GB/T 13772—2008《纺织品 机织物接缝处纱线抗滑移的测定》中规定：缝边有效宽度12mm，针迹密度50±2针迹数/100mm。由此对不同的面料应选用适宜的针迹密度。缝边太小是产生接缝滑脱的主要原因，由于缝边小或包缝少，处于松散状的边纱就极容易从接缝处滑脱开。如服装的袖窿弯曲部分，因缝制难度较大，缝边往往被缩小，常易出现滑脱现象，有些个体服装加工者偷工减料，缝边往往只有5mm左右，轻轻用力织物纱线就会被拽出。

（三）改善措施

要克服服装纰裂的缺点，改善耐用性，应从以上各方面考虑。

① 改善织物性能，在织物设计时充分考虑到各工艺参数对纰裂的影响，合理配置。在保持织物风格的同时尽量提高纱向间的摩擦系数，减少滑移。

② 服装制作过程中要提高接缝牢固性，避免滑脱。

③ 应根据不同的面料选择适宜的款式，对轻薄型或易滑移的面料，应以宽松为宜，减少接缝处的拉伸力。

二、缝口起拱

（一）现象

服装缝制加工中，织物面料沿线缝处形成不同程度的起皱、起拱现象。这种现象的产生极大地影响了织物的外观。

（二）产生原因

1. 织物厚度

轻薄织物缝合后，线缝起拱的问题比较突出，而厚织物则表现得比较轻微，线缝起拱的程度随织物厚度的增加而明显减轻。这是由于轻薄的织物抵抗缝口张力作用的能力较小，缝合后容易受到缝线的作用形成皱缩。

2. 纱线捻度

不加捻的丝线在织物中比较不稳定，受到缝线的张力作用容易发生位移，造成线缝处的起拱。随着织物厚度的增加，丝线在织物中的稳定性也得到很大的增加，而使织物起拱现象好转。涤纶试样的线缝起拱现象非常严重，除了由于织物比较轻薄以外，经纬线没有加捻也是重要原因。

真丝材料线缝起拱的程度明显好于涤纶织物。可以认为丝线的加捻提高了结构的稳定性。

3. 织物起拱

棉织物起拱现象极其轻微，且随着厚度的增加，线缝起拱进一步减轻。

这是由于棉纱的短纤维结构以及纺纱时加捻所提高的织物结构稳定性。

麻织物的线缝起拱率为负值，这说明经缝制以后，织物在线缝处压实、贴紧而使厚度减小。这可以归结为由于麻纤维的刚度大、弹性恢复能力差的性能。

线缝起拱会直接影响到服装的外观，线缝起拱现象在轻薄型无捻织物中较为明显，因此在服装加工过程中，尤其是对轻薄型和无捻丝线制织的面料必须严格控制缝合时的张力和其他的一些参数，以免在线缝处形成起皱和起拱的现象。

（三）改善措施

在服装加工中，为了保证服装的耐久性，必须合理选择缝线、缝迹、针密等与线缝强度直接有关的各项参数，以确保线缝处的强度能与服装材料的强度相匹配。严格控制缝线张力、缝制速度和压脚压力等工艺参数。必要的时候，还要衬垫其他材料一起进行缝制，以减少缝线张力对织物的作用。

三、针伤

（一）现象

针伤在服装加工中是普遍存在的问题，缝纫过程中高速通过织物的缝针随时有可能切断织物中的纱线从而造成织物的损伤，严重的针伤会造成织物和线缝的强度下降，影响服装的外观和耐久性。

（二）产生原因

1. 面料问题

① 纱线密度大、结构紧密的织物在缝制时针伤的问题比较突出。这是由于纱线排列紧密的织物在缝制的过程中不但缝针与纱线相遇的几率增加，而且纱线也不容易移动以避让缝针的刺入，从而造成纤维的切断。

② 加强捻的织物容易产生针伤，其原因与上述情况相似。

③ 长丝织物比短纤维纱线织物容易产生针伤。因为短纤维的纱线结构决定了其纤维容易发生滑移，能有效地避让缝针的刺入。

2. 缝制问题

① 缝纫机速度过快。

② 使用机针较粗，针尖锋利。

③ 局部反复车缝。

（三）改善措施

在缝制过程中，根据面料选择相适应的缝制工艺参数，尤其对于结构紧密、加强捻的织物或者长丝织物应注意机针的选择及缝制速度的控制。

四、断线

（一）现象

缝制过程中，缝纫线发生断裂，从而导致缝迹和缝口遭到破坏，不仅影响外观，而且还影响缝制质量。

（二）产生原因

通常缝制过程中断线大多呈齐头、短毛头和长毛头三种断头形状，它们各自是由不同原因造成的。

1. 断线头呈齐头状

线头呈齐头状时是一种明显的剪切现象，就如同用一把锋利剪刀将缝线整齐切断一样。这种情况基本出自面线（面线多指由机针输送体现在缝料正面线迹的缝线），应从设备方面找原因。当然，这里排除所使用缝线明显粗细不均呈葫芦状时，旋梭为避免积线而硬性将其切断的情况。

以平缝机为例，机针带着缝线下落刺穿缝料时，首先通过压脚，然后是针板到最低点回升一定距离形成线环，与引线部件（ 旋梭或摆梭 ）构成交织。这期间无论是由于机针弯曲还是压脚、针板、旋梭等安放位置的不正确，或零部件形状尺寸不规范等都会引发整齐断线的工作故障。

2. 断线头呈短毛头状

缝制过程中出现断线呈短毛头状所反映的是强度问题。

① 底面线穿线不正确，漏穿、重复缠绕和因错误过线而造成的输送线外力意外加大或输线死角（这是操作问题 ）。

② 缝纫线的强度不够。因为缝纫线的品质、细度等原因以及一定程度的发霉等，不能够适应缝制速度和满足所缝制面料的制作工艺要求。

虽说质地差的缝线造价相应偏低，此时电脑设备可直接调整执行较低旋转数，机械设备也可通过将电机及皮带轮直径换小来降低其转速，但这种本末倒置的配置方法却是以尚能使用的表面现象掩盖了大大降低生产效益的实质，得不偿失。毕竟价值积累的更好方法不是节流，而是开源。约束机器发挥其正常效率非明智之举。减速缝制只有在制作样衣或临时接受小批量产品生产时才宜采用。

3. 断线头呈长毛头状

断线线头呈长毛头状，其实质是缝线捻度在缝制过程中被破坏，造成原先捻在一起的缝线先断其几股再断最后一股的不良现象。造成这一故障的原因除少许是由于缝线旋向选错外，主要是由多方面原因造成的摩擦阻力意外偏大所致。

1）缝线旋向选错

多数缝制设备面线（ 任何缝制设备底线无左右旋之分 ）采用左旋线。唯有少数机种，如锁式双针机的左直针和拱缝机（ 仿手缝机 ）等必须要用右旋线做面线方可使用，这是因为这些设备在运转中破坏了左旋线的捻度。比如，这时的双针机左侧旋梭就极易从捻度被破坏的缝线股与股间穿入而造成第三种形式的断线。倘若无右旋线可换用，排除故障的方法是将左侧旋梭调节到在梭尖勾线时不碰直针的条件下尽可能贴近机针，而勾线相位在保证不致引发跳线故障产生的条件下尽可能延迟，这样做的目的是机针形成的线泡偏小时捻度不易被破坏，旋梭尖此时能较准确地勾住几股线而不致造成断线。

2）过线部位局部摩擦力过大

① 使用葫芦状缝线，这种缝纫线严重粗细不均，频繁交替出现过分臃肿和近似透明等现象，俗称“垃圾线”。

② 缝纫线与机针孔不配伍。通常缝线公径约等于呈椭圆形机针孔小直径的80%为宜，粗针细线影响了线泡形成的稳定性，造成缝制过程中跳线，有时是造成第二种断线现象的原因；而细针粗线则直接在过线孔处破坏了缝线

的捻度，肯定是造成第三种断线形式产生的一种原因。

③ 过线部位出现问题。

锈蚀：长时间未使用或保养不良的设备极易锈蚀，这种现象在相对较为潮湿的我国南方尤为严重。当缝线从被锈蚀的过线部件上拖过而不是滑过时，纤维表面光洁度就被破坏而断线，排除的方法是用缝纫机油认真除锈或者换零件。

毛刺或沟槽：当过线部件表面由于不经意划伤或长期使用而形成毛刺或沟槽时，也将破坏缝线纤维的完整性，由此造成断线。

局部过线间隙小：严格地讲，缝制设备在缝制作业中分工相当细，没有万能的机器，它们适应不同的工作内容和划分不同的工作范围，出现局部过线间隙小多由跨范围使用设备所致。比如将加工普通缝料的设备盲目地换用粗针粗线，势必造成机针与压脚、送布牙、针板孔等过线部位间隙变小，造成输送不畅而断线，遇此情况不提倡靠修磨来保证其工作间隙，那将造成零部件的损坏，建议更换相应的针位（即送布牙、针板、压脚等）。

（三）改善措施

① 按要求经常检修、保养，保证设备及其零部件完好，过线部分光洁。

② 加强操作工人的责任心，确保面底线穿线正确。

③ 选择质量好、粗细均匀的缝纫线。

④ 合理配伍缝料、机针、缝线。一般根据缝料的特性选用相应的机针，然后在机针类型与号数已基本确定的基础上落实缝线，但也有些进行特殊加工工艺的生产厂家是由缝料来确定缝线，然后才考虑到与之相适应的机针问题。

思考与练习题

1. 如何从制度上控制服装产品缝制质量？
2. 什么是疵点？如何分析疵点？
3. 缝制时常见质量问题有哪些？如何解决？请举例分析。

第七章 熨烫品质控制

第一节 熨烫前检查

一、熨烫材料检查

熨烫前,需要对服装面辅料的耐热性进行确认。如果无法确认的话,需要进行熨烫试验。尤其在目前纤维材料种类很多、混纺和交织织物的品种又很多的情况下,需要选择适合的熨烫参数,同时对面料和辅料的热性能配伍方面进行检测,确定适合面料的熨烫温度,检查是否会烫坏拉链和钮扣,是否会在里料上形成极光等。

二、熨烫设备检查

① 设备是否完好,开机预热后,检查仪表及各部件等是否运转正常。

② 设备是否整洁,是否按要求进行设备的日常清洁、去污。例如每天用柔软棉布擦拭机器,每星期换洗一次棉布,机台上不允许放金属物和其他非生产用品。

③ 是否按规定定期进行设备的保养,出现问题及时维修等。

④ 是否按工艺要求调节设备的工艺参数。

三、试熨烫

为了保证熨烫质量,避免出现大的质量事故及损失,一般在正式熨烫前需要进行试熨烫。

选取面料的小样,按照事先确定的熨烫工艺参数调整好设备,进行熨烫。待冷却后,注意观察小样:

① 表面是否平服;

② 色织物是否发生色泽变化；
③ 表面是否有不悦目的亮光；
④ 是否有烫焦、变硬等现象。
根据试熨烫的结果，调整熨烫工艺参数。

第二节　半成品熨烫品质控制

一、熨烫安全技术操作规程

① 扣烫衣片和配裁零料时，要整洁顺直，严禁乱号，要严格按照小样板操作，不得走样。各处的标准印点要划准确。

② 要保证裁片的清洁，无破损，不烫糊，不变色，及时满足缝纫工的生产要求。

③ 在配零料时要求配准。在熨烫时，要正确识别面料的正反面。发现裁片问题及时向班长反映。

④ 操作过程中，对扣配好的衣片要整齐堆放，不得乱丢乱扔。

⑤ 熨烫工具要放在支架上，不得直接放在案板上，以免烧坏案板。

⑥ 操作人员离开烫台时要及时拔掉电源插头。

二、熨烫工艺技巧

快——轻薄面料在熨烫温度高时，熨烫的速度要快，不可多次重复熨烫。这是因为成衣熨烫不能超出布料的耐热度，当熨斗温度超出所需要的温度或极限时，布料的强度就会下降，容易出现强度下降或极光等问题，只能通过缩短熨烫时间才能避免这些问题。

慢——对于服装上比较厚的部位，例如：驳头、贴边等部位要放慢速度进行熨烫，保证烫干和烫平，否则过一段时间这个部位就会出现回潮，或达不到平挺的要求。

轻——对于各种呢绒、毛圈织物或布料很薄的服装一定要轻烫，以保证绒毛和毛圈能够恢复原状，在织物表面不会出现极光。

重——服装的主要部位通常是影响外观的部位，这些部位的要求就是挺括、耐久不变形，因此对这些部位进行熨烫时必须加大压力才能烫好，起到熨烫的热定型目的。

归——为使平面的衣身变得符合人体造型，人体凸出部位的四周要将其直、横丝归烫成胖势或弯形，这部分熨烫需要一定的技术，对服装的外观也有很大的影响。目前很多企业采用了专用的熨烫设备，符合各种造型的需要，使得服装的熨烫质量有很大的提高。

拔——拔是与归相对的熨烫方式，服装凸出部位只有运用拔的手法才能使这些部位符合人体的要求。同样用专用的熨烫设备可以有效地保证熨烫质量。

推——这是归和拔过程中采用的一种特定的手法，是将归和拔的量推向一个指定的位置，使归和拔部位的周围丝缕平服而均匀。

送——将进行归拔熨烫部位的松量采用推的手法，送向设定的部位给予定位。例如：腰部的凹势需要将其周围的松量推送到前胸，以达到腰部的凹势、胸部的隆起衔接流畅，使服装凹凸曲线的立体感更加明显。

闷——在服装较厚的部位进行熨烫时需要的蒸汽量比较大，以确保蒸汽能够渗透到服装的内部。在对这些部位进行熨烫时，必须采用闷的方法，使熨斗在这个部位有一段停留的时间，以保持上下层布料受热均衡，并且能够烫干。

蹲——对于有些服装部位出现皱折不易烫平时，可以将熨斗在该部位轻轻地蹲几下，以达到平服贴体的目的。例如，在进行裤撑熨烫时就往往需要采用这种方法。

虚——在熨烫过程中，对于一些需要暂时性定型的部位或毛绒类的服装就可以采用虚烫的形式，熨斗与服装之间只有接触而没有压力，这样可以保持服装款式活络的特点。

拱——这是指不用熨斗整个底部熨烫的方法，用熨斗头部把缝位劈开、压平、烫煞。例如：裤子的后裆缝等部位只有采取这样的方法进行熨烫。

点——在服装加工过程中有些部位不需要重压和蹲的方法，采用点的手法可减少对成衣的摩擦力，彻底克服熨烫中出现的极光现象。

压——在熨烫定型时，有许多部位需给予一定的压力，使其超过面料的屈服点，以保证达到定型的目的。

拉——在熨烫时，除了右手使用熨斗外，左手要进行配合，有些部位要适当的用左手给予拉、推、送，才能更好地发挥熨烫成型的作用。

扣——在进行服装熨烫过程中，有些部位要利用手腕的力量将丝缕归顺，使这些部位更加平服贴体。

三、半成品熨烫的质量检验

① 半成品的熨烫外形质量是否符合设计要求；

② 有无烫黄、变色、变焦、极光、沾污、熔孔等熨烫疵点；

③ 是否把衣片或部件熨变形、缝口熨扭；

④ 是否有熨错位置、漏熨现象。

第三节 成品熨烫品质控制

一、成品熨烫的工艺要求

上装：
胖肚：要平服、丰满、自然；
双肩：肩线要平整、对称；
里襟、门襟：平整、圆润、丰满；
侧缝：平服、丰满；
后背：圆润、平直、不起吊；
驳头：平直、有窝势，且不能太死板；
领子：平服、有圆势；
袖窿：圆顺、美观；
袖山：丰满；
腰身：平服；
口袋等其他部位：要正确地烫平。
下装：
腰身：平服；
褶裥：左右对称、平整；
挺缝线：挺直；
下裆：下裆缝摊平，后臀部位圆顺平直，基本无涟形；
口袋：直口袋顺直，袋布平服；
门里襟：门襟平直，门里襟长短相符，拉链松紧适宜；
前后裆：裆缝圆顺，无松紧；
裤口：平直。

二、成品熨烫的质量检验

① 外形是否符合造型设计的要求；
② 外观是否平整，顺服；
③ 是否有明显的烫黄、烫焦、水印、变色、极光等疵点；
④ 是否把服装拉变形，绒面熨硬，钮扣等附件压坏；
⑤ 是否未熨平或熨出皱痕；
⑥ 是否漏熨；

⑦ 线头、污渍是否清除；
⑧ 折叠形式是否符合要求。

三、熨烫工艺易出现的质量疵病和改善措施

（一）质量疵病

缝份不平整——缝份打开时没有把缝份翻尽，使服装缝份不平整。

服装变形——熨烫工操作不当，把服装拉长或拉变形。

烫焦变色——烫斗温度太高或压力太大，使织物烫焦变色（特别是化纤织物）。

极光——没有使用蒸汽熨烫，用电熨斗时没有垫水布，造成局部发亮，或者熨烫温度过高，压力过大。

死迹——烫面没有抚平，烫出不可回复的折迹。

漏烫——工作马虎，大面积没有过烫。

水渍——没有适当的抽湿设备或抽湿不够，当喷水或蒸汽太多时，服装留有水渍，包装后服装容易出现变质、变色、异味、发霉等现象。

皱折痕——服装熨烫后未完全冷却就受到推挤而形成皱折痕。

辅料烫坏——没有按要求选配辅料或操作不当，造成拉链、钮扣被烫坏。

污渍——忘了除污或除污不彻底，污渍残留在服装上。

（二）改善措施

① 根据面料合理选配辅料。
② 熨烫温度、压力和时间合理配伍，严格控制。
③ 严格遵守熨烫操作规程。
④ 加强熨烫工的操作责任心。
⑤ 对厚重针织物来说，建议在熨烫服装时使用一些定型板，这样可以保持熨烫时服装不走样。

思考与练习题

1. 说明熨烫工序如何进行品质控制。
2. 举例说明如何避免熨烫质量疵病。

第八章　后整理与包装品质控制

第一节　后整理的品质控制

服装后整理，一般指在包装之前的整理，它是保证服装质量的重要环节。去污、毛梢整理和检针是服装后整理的主要内容。

一、去污

后整理时的去污，一般是一种局部洗涤。应从以下几个方面保证去污的效果：

1. 准确判断污渍的种类

这是保证有效去污的第一步。服装上的污渍大体可分为油污类、水化类、蛋白质类三种，三种类型的污渍在织物上都有比较明显的特征。

油污类污渍除油漆、沥青、浓厚的机油之外，一般的油渍边线逐渐淡化，且往往呈菱形（经向长而纬向短）。水化类污渍如红药水、紫药水、碘酒、红蓝墨水，有鲜明的色彩；茶渍、水渍呈淡黄色且有较深的边缘，不发硬；薄的浆糊渍在织物上发硬，有时也有较深的边缘，但遇水就容易软化。蛋白质类污渍在织物上一般无固定的形状，但都发硬，且有较深的边缘，其中除血渍、昆虫渍的颜色较深外，其余多数呈淡黄色。

2. 根据污渍的种类，合理选择相应的洗涤剂

对于棉、麻、粘胶等纤维素纤维织物及其混纺织物，应选用碱性去污材料；而丝、毛等蛋白质纤维织物及其混纺织物，要选用中性或弱碱性去污材料。

3. 正确选泽去污方法

洗涤去污方法分水洗和干洗两种。要根据服装的质料和污渍种类，正确选用去污方法。使用化学药剂干洗时，操作要注意从污渍的边缘向中心擦，

防止污渍向外扩散；不能用力过大，避免衣服起毛。

4. 去污渍后防止残留污渍圈

无论使用何种去污材料，在去除污渍之后，均应马上用牙刷蘸清水把织物遇水的面积刷得大些，然后再在周围喷些水，使其逐渐化谈，以消除这个明显的边缘，这样无论是烫干还是晾干，就不致于留下黄色圈迹。

二、毛梢整理

毛梢又称线头，分死线头和活线头两种。死线头是指缝纫工在加工过程中，开始缝制和结束时未将缝纫线剪除干净而残存在加工件上的线头。目前的大工业生产，进口设备多带有自动剪线器，其技术指标是线头长度不能大于4mm，大多数线头还需用人工剪修。活线头是指服装产品在生产流程中所粘上的线头和纱头。一般可分三种方法处理：

手工处理：用手将线头拿掉，放置在一个存器内，以防再次粘上产品。

粘去法：用不干胶纸或胶滚轮将产品上的毛梢粘去。

吸取法：这是目前最通用的方法，既省工，效率也高。它是采用吸尘器原理将产品上的毛梢、灰尘吸干净。

毛梢整理是服装加工最容易，但也是最难解决的一道工序，这里面包含着人的因素和客观环境因素。前者是对毛梢的处理不够重视，总认为毛稍不是产品质量的直接问题，容易掉以轻心。后者是场地、工作台、产品储存器的清洁度问题。此外，工作人员身上如粘上毛梢后，也会使服装随时粘上毛梢。

因此，有效管理毛梢，应从以下几个方面做起：

① 树立毛梢即是一种疵点的观念，操作工要及时清理制品上的毛梢；检验员发现毛梢，不能随手除去，应该作为一个疵点记录下来，并通知操作工清除。

② 保证生产环境的卫生清洁，及时清理脏污、毛梢。

③ 保证操作人员个人的卫生，上班前后应对工作服做清理，避免穿着沾附毛梢的工作服上班。

④ 严格按照操作规程操作，减少毛梢的产生。

三、检针

在第六章缝制品质控制中，已经介绍了在缝制生产过程中对断针的管理。这里的检针，是指对服装成品进行残留断针的检查。服装产品上一旦出现了断针，会影响到消费者的人身安全，尤其对婴幼儿来说，后果更为严重。因此，很多客户把服装成品上出现断针定为严重质量疵点，对童装产品更是要求100%的检针，童装企业是否拥有先进的检针设备已作为选择服装供应商的先决条件。

目前常用的检针设备有手持式检针机、台式检针机、输送带式检针机、隧道式检针机等。

除了拥有先进的检针设备来做质量保证，检针现场的管理也非常重要。首先要建立每日上下班时清洁检针操作现场的制度，避免二次污染。再次，醒目地划分好检针前、后区域，避免未检针和检针后的服装混放在一起。其次，建立一整套严格的检针操作规范，做到不遗漏，快捷方便。最后，应由班组长或质检员不定时地抽查检针后的服装，发现问题，及时采取措施加以解决。

第二节　服装的标志管理

一、服装的标志管理

标志，就是记号，又称作标识。服装上的标志，就是服装的有关记号，是区别于其他产品的信息，比如服装的名称、号型规格、成分、洗涤方法、生产厂家等，其作用是向消费者提供购买和使用产品时的基本信息，帮助消费者选择适合产品并正确使用保管产品。

消费者在购买服装时除根据自己的喜好选择适合于自己的款式、颜色外，对服装的内在质量、缝制加工质量等主要是通过服装上的标志（也称标签，即通常所说的软标、硬牌）来鉴别。

服装标志的管理，内容包括两个方面，一是标志本身的制造质量，二是标志的内容应该正确，这就需要了解产品输出国或者输入国有关标志的规定和方法。对于护理标志来说，不仅内容正确，还要通过测试以保证服装的性能与护理标志相吻合。

二、我国服装标志的内容

我国有关服装标志的内容，依据GB5296.4-1998《消费品使用说明 纺织品和服装使用说明》，这是我国的强制性标准，规定使用说明必须标注十大内容，普通产品必须标注八大内容。

1. 制造者的名称和地址

应标明纺织品和服装制造者依法登记注册的名称和地址。

进口纺织品和服装应用中文标明该产品的原产地（国家或地区）以及代

理商或进口商或销售商在中国依法登记注册的名称和地址。

2. 产品名称

产品名称应表明产品的真实属性，并符合下列要求：

① 国家标准、行业标准对产品名称有规定的，应采用国家标准、行业标准规定的名称；

② 国家标准、行业标准对产品名称没有规定的，应使用不会引起消费者误解和混淆的常用名称或者俗名；

③ 如标注“奇特名称”、“商标名称”时，应在同一部位明显标注①和②规定的一个名称。

3. 产品号型和规格

纺织品的号型或规格的标注应符合国家标准、行业标准的规定。服装产品应按GB/T1335.1 ~ 1335.3的要求标明服装号型。

4. 采用原料的成分和含量

应标明产品采用原料的成分名称及其含量，纺织纤维含量的标注应符合FZ/T 01053的规定。皮革服装应标明皮革的种类名称，说明产品的真实属性，有标准规定的应符合有关国家、行业或企业标准。

5. 洗涤方法

① 应按GB/T 8685规定的图形符号表述洗涤方法，可同时加注与图形符号相对应的简单说明性文字。

② 当图形符号满足不了需要时，可用简练文字予以说明，但不得与图形符号含义的注解并列。

③ 干洗符号中可分别添加文字A、P、F以说明干洗剂的类型。

6. 产品标准编号

应标明所执行的产品国家标准、行业标准或企业标准的编号。

7. 产品质量等级

产品标准中明确规定质量（品质）等级的产品，应按有关产品标准的规定标明产品质量等级。

8. 产品质量检验合格证明

国内生产的合格产品，每单件产品（销售单元）应有产品出厂质量检验合格证明。

对特殊服装、纺织品，如羊绒制品还需标注使用和贮藏条件的注意事项和产品使用期限。

三、我国服装标志的形式和安放位置

我国服装标志的使用形式有以下几种：

① 直接印刷或织造在产品上的使用说明；

② 缝合、粘贴或悬挂在产品上的标签；

③ 直接印刷在产品包装上的使用说明；

④ 粘贴在产品包装上的标签；

⑤ 随同产品提供的资料。

在使用说明中，服装号型标志、原料成分含量标志以及洗涤方法标志在产品整个使用寿命周期中随时给消费者提供帮助，因此要采用永久性标签，其中原料成分含量和洗涤方法可组合在一张标签上。如采用耐久性标签对产品的使用有影响时，例如布匹、绒线和缝纫线、袜子等产品，则可不采用耐久性标签。

服装号型和规格标签一般缝在后衣领中间，大衣和西服可缝在门襟里袋上沿或下沿；裤子、裙子则缝在腰头里子下沿。

原料成分和含量及洗涤说明等标签的安放位置，衣衫类可缝在左摆缝中下部，裤、裙类可缝在腰头里子下沿或左边侧缝上部。

四、我国服装标志的使用要求

1. 服装产品应按 GB/T 1335 的要求标明服装号型

有的企业为了给消费者选购服装时提供方便，常常在服装号型的下面同时标明规格，这种做法也是允许的，但不能只标注规格不标注号型。

2. 采用原料的成分和含量

服装原料成分和含量的数据一般是在投产前，通过验证原料包装上的标签取得，必要时应由专门的检验机构进行测试。因此每投产一批产品，都应对原料的情况进行详细的记录，以备查询。原料成分和含量的标注如下：

① 由一种类型纤维加工制作的纺织品和服装，纤维含量标明为“100%”或“纯”。例如：100%棉，纯毛。

② 由两种及两种以上的纤维加工制作的纺织品和服装，可按含量比例递减的顺序排列。例如：55%羊毛35%涤纶10%粘纤，85%锦纶15%粘纤。

如果有一种或一种以上纤维的含量不足5%，则按下列方法之一标明纤维含量。

a. 列出该纤维名称和含量；

b. 集中标明为“其他纤维”字样和这些纤维含量的总量；

若这些纤维含量的总量不超过5%，则可不提及。

例如 50% 粘纤 46% 涤纶 4% 羊毛； 90% 羊毛 10% 其他纤维；

92% 醋纤 4% 氨纶 4% 粘纤 或 92% 醋纤 8% 其他纤维。

③ 由底组织和绒毛组成的纺织品和服装，应分别标明产品中每种纤维的含量，或分别标明绒毛和基布中每种纤维的含量。例如：60% 棉 30% 涤纶 10% 锦纶； 绒毛 90% 棉 10% 锦纶 基布 100% 涤纶。

④ 有里料的纺织品和服装，标明里料的纤维含量。例如：面料：纯毛，里料：100% 涤纶。

⑤ 含有填充物的服装应标明填充物的种类和含量，羽绒填充物要标明含绒量和充绒量，例如：套 65% 涤纶 35% 棉，填充物 100% 木棉；面料：65% 棉 35% 涤纶，里料：100% 涤纶，填充物 100% 灰鸭绒，含绒量 80%，充绒量 200g。

⑥ 由两种或两种以上面料构成的单件纺织品和服装应标明每部分的纤维名称和含量，例如：身 100% 丙纶，袖 100% 锦纶。

3. 洗涤方法

洗涤方法用图形符号表示，可同时加注与图形符号相对应的简单说明，图形符号的使用应符合 GB 8685—2008《纺织品和服装使用说明的图形符号》规定。

五、国外有关服装标志的规定

（一）美国标签法规

1. 纺织纤维产品识别法规

该法规包括：

① 纤维名称必须用常规的、消费者理解的商品名来表示，并标明混纺比。不允许使用缩写，加脚注等。

② 如果为一种纤维成分，不允许有成分偏差；如果有两种或两种以上纤维所组成，允许有 3% 的偏差。例如：

纤维成分及比例		允许偏差	
65%	Polyester	62% ~ 68%	Polyester
35%	Cotton	38% ~ 32%	Cotton

③ 当纤维混纺比小于 5%，可以将其标记为 “other fiber”（其他纤维）。当有两种或两种以上纤维的混纺比小于 5% 时，可以将其比例合并，标记为 “other fibers”（其他纤维）。例如：

实际纤维成分及比例		成分标志	
93%	Cotton	93%	Cotton
3%	Nylon	7%	Other fibers
4%	Rayon		

④ 如果某种纤维具有某种功能，可以在成分标志上注明其功能，例如：

98%　Cotton
2%　Spandex for elasticity

⑤ 如果服装上不同的部位采用了不同的纤维，可以分别标出不同部位的纤维成分。

⑥ 如果服装的装饰品是由纤维组成的，但成分比例小于5%，可以不计入总的混纺比率，并在成分标志上说明这一情况；也可以在成分标志上标明相对比率。

例如：

60%	Cotton	或者	60%	Cotton
40%	Rayon		40%	Rayon
Exclusive of omamentation			Exclusive of 3% metallic omamentation	

如果纤维装饰品含量超过5%，需要将其计入总的混纺比率，并在标志中清楚标明。

⑦ 含有内衬、里料、填充物等的服装，应分别标出其成分及比例。

⑧ 起绒织物及类似产品，可用总的纤维百分率形式标示在标志上；也可以分别标示面层及底层的纤维百分率，但必须同时标明面层及底层的比率。例如：

Face	60%	Rayon,	40%	Nylon
Back	70%	Cotton,	30%	Rayon

Face constitules 60% of fabrie and back 40%

⑨ "wool"（羊毛）这一标识，包括绵羊、羔羊、山羊、驼羊等羊毛，"Mohair"（马海毛）和"Cashmere"（开司米）分别表示安哥拉山羊毛和开司米山羊毛。如含有回收羊毛必须标明其百分率。

2. 服用纺织品和面料维护说明标签

该法规规定制造商和进口商必须在产品上附有维护说明，并且应易被消费者发现。维护说明必须包括产品在使用过程中的常规维护方法，必须包括洗涤说明，并对水洗、干洗、熨烫、漂白等给出规定。

（二）英国标签法规

在英国，服装的纤维含量标签是强制执行的，并要求标签上必须包括主要纤维的种类和含量。使用说明（包括洗涤说明）虽然是非强制执行的，但大力推广使用。对于睡衣和睡衣类服装要求附有是否符合易燃性标准的标签。

（三）加拿大标签法规

要求服装、地毯、面料以及其他的家用纺织品必须附有纤维含量标签，标明所含纤维的种类（用属名）以及含量在5%以上纤维的具体含量；对于定做的服装和地毯，如果标签未附在产品上，也应采用适当的方式提供所要求的信息。

六、服装标志易出现的问题

纤维含量标注与实测值不符。主要表现在：棉纤维或某些功能纤维以少充多、混纺或交织产品化学纤维含量标注不准。

产品上只标注“均码”、“L、XL”或“XL-XXXL”，没有给出消费者适用的规格尺寸对照，如身高、胸围、腰围等。

执行标准书写错误；在使用说明中无产品执行标准、无产品等级、无检验合格证明，无耐久性标签，无产品名称，厂址标注内外不统一等。

大多数标签和永久标签都设计在衣服的内侧，有些标签使用的是涤纶材料，比较硬，极易磨伤消费者的皮肤。

有些永久标签上的字迹很容易褪色，这样就失去永久标签的作用。

洗涤标识存在洗涤整理方法标识不明确、干洗误区、洗涤整理符号排列顺序混乱、中英文标识主次颠倒等问题。

第三节　服装包装的品质控制

一、包装的基本品质要求

尺码、颜色搭配符合订单。分装符合客户要求，没有严重的短装影响尺码、颜色搭配。

纸箱尺寸在符合客户要求前提下，不能太大或太小，不能装太满或太少。纸箱上的箱唛内容准确清晰，字体规格不小于1.3cm（1/2英寸）。纸箱的品质能经受下落试验不破坏。

胶带的材质、尺寸正确。一般胶带的长度应比折叠后的服装长度长12.7cm（5英寸）左右，以便反折收口。胶袋印字一般包括尺寸、纤维成分、注册码、原产地、警告语等，要求印字内容正确。如果胶带的开口超过17.8cm（7英寸），需要在胶带上加印或加贴警告语。

衣架等包装材料准确。

折叠及包装方法符合规定。

符合国内外物流管理的要求。

二、了解客户对包装的要求

根据订单资料，了解客户列出的包装材料，如果遗漏或者用错包装材料，都将产生严重后果。在生产前检查时，必须一一核对。

了解客户对包装的要求。在生产前检查时，应由包装部门按照客户的包装要求对产前样进行包装，并由质检部门检查。

包装上的任何不明确之处，都应向客户询问。

三、包装材料选择及包装细节的确认

包装车间所用材料品种繁多，主要有纸箱、胶带、隔衣纸、衬板、防潮纸、吊牌、袋卡等，在满足客户要求前提下，应通过考虑使用环境、服装材料的性能、服装产品的档次、运输方式等来选择包装材料。例如，包装材料要防止金属钮扣生锈，防止产品受潮发霉。

包装细节包括以下几个方面：

① 最终成衣的折叠方法。

② 衣架的质量、类型、尺寸以及尺码夹。

③ 胶带的材料、厚度、尺寸、封口、内容以及是否需要气孔等。

④ 硬纸板和防潮纸的质地形状和尺寸。

⑤ 其他应有的包装材料。

⑥ 颜色、尺码的搭配比例。

⑦ 纸箱的尺寸、重量、箱唛内容以及装箱方法，包括货物在纸箱中的放置方法，纸箱的封口方法等。

四、纸箱落体试验

纸箱落体试验是将装有货物的纸箱从规定高度自由落下，从而检验纸箱的品质以及纸箱中的货物及其包装有无损坏。一般，试验规定的高度与被测物的毛重有关，如表8-1所示。

表8-1　纸箱落体试验的规定

被测物毛重（kg）	规定的高度（cm）
≤4.536	91.44
>4.536，≤11.793	76.20
>11.793，≤23.133	60.96
>23.133，<31.751	45.72

试验中,可以用数字分别标示被测纸箱的各个面,其各个角也可以用数字标示,这样便于对被测物的某个面或者某一角进行测试和记录。

五、包装品质检查

① 纸箱的材质、尺寸和重量是否符合要求。

有些客户对某些材料有要求,如纸箱不能带有铁钉等,应一一检查。

为了保证纸箱的尺寸和重量符合物流管理的要求,考虑到实际操作时的误差,一般应使实际的尺寸和重量略微小于规定的尺寸和重量。

② 仔细核对箱唛的内容,做到准确无误。

③ 检查封箱方法。有些客户对封箱有特殊要求,应按照要求进行检查。

④ 箱内的尺码、颜色、数量的搭配是否与订单相符,是否与装箱单相符。

⑤ 成衣在箱内的放置方法是否正确。

⑥ 胶带的材质、印字、封口是否正确。胶带上的尺码、颜色等内容与所装的成衣是否相符,胶带是否太紧或太松。

⑦ 检查衣架是否正确,其他的包装是否符合要求。

⑧ 检查成衣的折叠尺寸和折叠方法是否正确。

⑨ 吊牌朝向是否正确,通常为有UPC码的那一面朝上,吊牌的位置是否正确。

思考与练习题

1. 服装后整理主要有哪些内容?如何进行品质控制?

2. 我国服装标志一般有几种形式?应包含哪些内容?都放在服装的哪些位置?

3. 简述服装包装的品质控制。

第九章　AQL抽样检验与疵点分析

服装产品的质量是通过检验获得的，检验分全数检验和抽样检验。全数检验的时间成本、经济成本较高，除了一些必须进行全数检验的场合外，服装的面辅料以及半成品、成品的检验以抽样检验居多，一些破坏性检验必须进行抽样检验。抽样检验就是从所需检验的批量产品中，抽取部分样品进行检验，并将检验结果与评定标准对照，决定产品批量合格与否。AQL就是一种抽样检验方法。

第一节　什么是AQL

一、AQL的含义

在AQL中，A——acceptable，表示可接受的、合意的、令人满意的等含义；Q——quality，表示质量、性质、品质等含义；L——level，表示水平、标准、高度、层次、等级等含义。AQL意思就是可接受的质量水平，即客户明确规定检验的方法和疵点的范围，只要这批产品中的疵点百分率小于所指定的标准，客户将会接受供应商提供的货物。AQL建立了根据用户指定的可接受疵点百分率来判断产品是否合格的方法。

AQL是根据被检对象特征进行检验的一种方法标准，它最初由美国军方制定，现在已发展到非军事领域，并被加拿大和英国等一些国家作为国际标准而采用。

二、AQL的意义

凡是抽样检验，总有一定概率的可能性，使得受检货品的实际品质比检验结果更好或更差，但AQL是比较公允的一种检验方法，它把受检货物的实际品质与检验结果的差异可能性降到最低；它既保护了客户利益，又保护了供应商的利益；它使合格产品不被接受以及不合格品被接受的可能性降到最低。

三、AQL的适用对象

AQL广泛地适用于各种场合，既适合客户对服装企业的产品检验，又适合服装企业对面料供应商的材料检验，还适合企业内部的检验。从检验对象来说，包括：

① 材料。可以在供应商处、进厂入库时、生产过程中的任何环节对材料进行检验。也可以通过原材料的检验建立对供应商品质的评估。

② 成品。可以在包装前或包装后进行检验。

③ 半成品。在加工过程中进行，可以通过半成品的抽样检验，判断半成品的质量或工序加工质量的优劣。

四、AQL的选择

AQL有一系列的检验水平和可接受的品质水平，使用时，可由客户和供应商共同决定，也可由客户在合同中予以明确说明。通常根据商品的价值来决定，因为不同种类、不同档次、不同价值的产品需要有不同的品质要求。比如同一个客户，衬衫的检验标准采用AQL4.0，而皮衣的检验标准采用AQL1.5或更高的标准，原因就是皮衣的价值比衬衫高得多。

第二节　AQL抽样检验的主要内容

一、AQL值

在AQL抽样检验标准中，通过AQL值的检索，可以得到一个抽样方案，由抽样方案决定了可以接受和不可接受的质量分界线。因此，AQL值反映了抽样检验中可接受的质量界限。

AQL共规定了26种不同的质量水平或要求，从0.010到1000，数值越小，代表品质要求越高。根据服装加工的特征，常用AQL数值有1.0，1.5，2.5，4.0，6.5，其中以2.5和4.0应用最广泛。

二、检验水平

检验水平反映批量与样本量的关系。批量越大，样本量就越大。

在AQL中，有三种普通检验水平：LEVEL Ⅰ、LEVEL Ⅱ和LEVEL Ⅲ，四种特殊检验水平：S-1、S-2、S-3和S-4。

在三种普通检验水平中，LEVEL Ⅱ是常规水平，也是经常所采用的水平，从LEVEL Ⅰ到LEVEL Ⅲ，检验的数量逐渐增加。如果以LEVEL Ⅱ作为中间值，LEVEL Ⅰ的抽验数是LEVEL Ⅱ的40%，它适用于品质较为稳定的状况或者产品出现不一致可能性极小的状况。LEVEL Ⅲ的抽验检验数是LEVEL Ⅱ的160%。由于检验的样本数大，从而使接受不合格产品的可能性降到最低，对客户来说是一种比较安全的检验水平。

例如：货物的数量为1500单位，采用AQL2.5。对于普通检验水平，这批货物的抽样数和可接受不合格数分别如下：

表9-1　普通检验水平的抽验数举例

LEVEL	Ⅰ	Ⅱ	Ⅲ
抽验检验数	50	125	200
可接受的疵点数	3	7	10

四种特殊的检验水平的特点是抽样数量少，因为在某些情况下，例如检验的成本高，检验所花费的时间长，而货物的品质比较稳定（单一产品的重复加工），那么通过少许的抽样检验，就足以反映总体的检验水平。

从S-1到S-4，抽验数量逐步增加，应采用哪种水平，主要考虑：

① 产品的制造方法以及质量特性；

② 测试成本以及测试时间；

③ 供应商以往的质量状况；

④ 用户的要求；

⑤ 供应商的信用。

在上例中，如果是特殊水平检验，这批货物抽样数和可接受不合格数分别如下：

表9-2　特殊检验水平的抽验举例

LEVEL	S-1	S-2	S-3	S-4
抽验检验数	5	5	20	32
可接受的疵点数	0	0	1	2

在服装的辅料检验中，有时采用以上的特殊检验水平，例如拉链、钮扣等的检验。

三、检验严格度及其转换

AQL中，规定了三种检验严格程度，即NORMAL（正常）、TIGHTENED（严格）、REDUCED（宽松）。并且考虑到可能发生的品质波动，制定了三种检验严格程度的转换。

1. 正常（NORMAL）检验

正常检验是最常用的检验，当采用正常检验时，被检货物将以较大概率被接受，以保护生产者的利益。

2. 严格（TIGHTENED）检验

为了保护使用方的利益，采用严格检验。一般与正常检验相比，加严检验的样本量不变，但不合格品的接受数降低了。

3. 宽松（REDUCED）检验

宽松检验成本小，检验时间短。一般样本量是正常检验样本的40%。

这三种检验严格度不同的方法，适用于不同场合，但在一定情况下，可以按照一定规则相互转换。转换规则如下：

① 正常检验是最常用的检验，当刚开始检验新的供应商生产的货物时，应采用此种检验。

②一旦采用了正常、严格、宽松检验中的任何一种，那么在以后的对同系列或者同类型产品的检验中，都应采用这一标准，除非供应商的产品品质发生了波动。

③ 从正常检验转换到严格检验：采用正常检验时，如果连续五次检验中有两次不及格，这时开始转换采用严格检验。

④ 从严格检验转换到正常检验：当采用严格检验时，如果连续五次都合格，这时可以转换采用正常检验。

⑤ 从正常检验转换到宽松检验：当采用正常检验时，如果连续十次检验都合格，并且生产处于稳定状态，客户也同意，这时可以转换采用宽松检验。

⑥ 从宽松检验转换到正常检验：当采用宽松检验时，只要有一次检验不及格，或者生产处于波动状态，应立即转换成正常检验。

⑦ 终止检验：当连续十次都不得不采用严格检验时，这说明供应商的品质状况恶劣，这时需要采取措施提高产品质量。

四、一次检验抽样和二次检验抽样

实际抽样时，可以采用一次、二次和多次抽样，但实际应用中，多次抽样应用较少，常用的是一次抽样和二次抽样。

1. 一次检验抽样

按照事先决定的检验标准所要求的数量，从大货中随机抽样并检验。如果疵点数小于或等于标准所规定的接受数，则该批货物可接受。如果疵点数大于标准所规定的接受数，则该批货物不予接受，如图9-1所示。

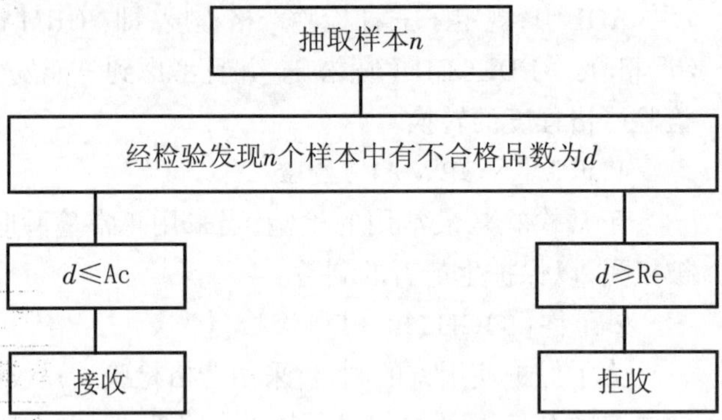

图9-1 一次抽样检验的判定流程

2. 二次抽样检验

按照事先决定的检验标准所要求的数量，从大货中随机抽样并检验。如果疵点数小于或等于标准所规定的接受数，则该批货物可接受。如果疵点数大于或等于标准所规定的不接受数，则该批货物不接受。反之则接受。如图9-2所示。

二次检验的目的是通过检验相对较少数量从而节约时间，但一次抽样更为简单，误判的危险性小。因此，当检验费用不高时，优先采用一次抽样；当检验质量比较稳定的、容易被接受的产品时，采用二次抽样检验。

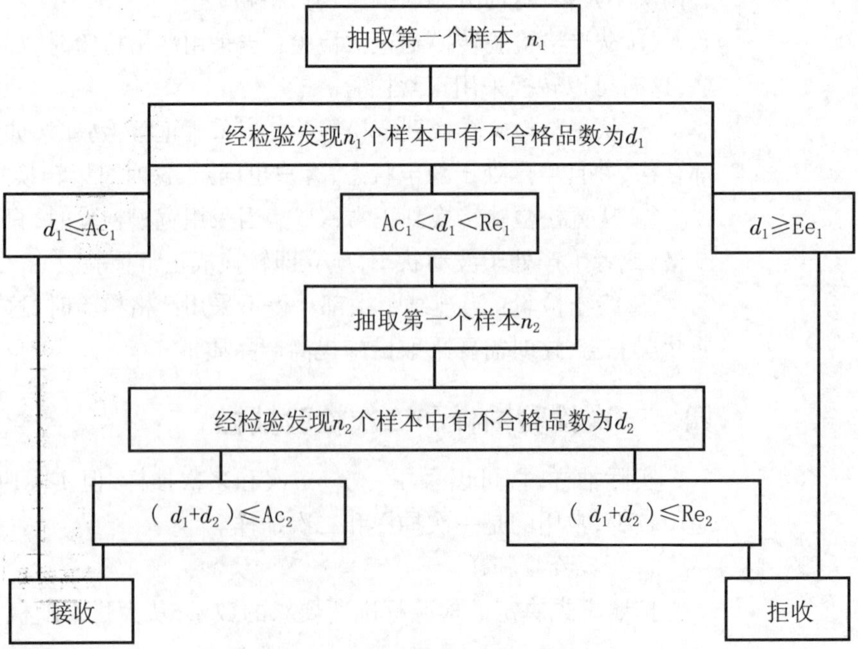

图9-2 二次抽样检验的判定流程

第三节 AQL抽样检验方法

一、AQL抽样检验的方法和步骤

1. 决定抽样检验方案

由客户决定或者客户和供应商协商决定。

2. 查找抽样样本字码表

在检验方案决定以后,可在抽样样本字码表中找到对应的字母。

3. 确定抽样检验表

根据字母,检索出抽样方案表格,对应不同的品质水平下,抽样检验的样本数,给出了允收数(Ac)和拒收数(Re)。

4. 产品检验

从所要检验的产品中,按照上述的样本数,随机地抽取样本,以保证检验结果真实可靠。

在检验中,应确保100%地检验所抽取的样品。即使在检验若干件以后,发现疵点数已超过拒收数,仍然应该继续检验所剩余的样品。因为检验的目的除了需要知道接受或拒收的结果外,还需了解货物整体的品质水平,通过积累历史数据,来判断供应商是否合格。

具体疵点的判定,将在下节阐述。

5. 统计疵点数

统计所有的疵点及不合格产品的数量。

6. 判断合格与否

对照抽样方案表格中的Ac和Re,就可决定是接受还是拒收整批货物,即如果实际不合格品数小于或等于表格中的Ac,则说明该批货物可接受,如果实际不合格品数大于或等于Re,则说明该批货物应拒收。

二、实例分析

1. 一次抽样检验举例

某批服装的批量为5000件,所要求的期末检验方案为LEVEL Ⅱ, AQL 4.0、一次抽样检验。

① 根据以上检验方案,查表9-3抽样样本字码表。在批量一栏中找出5000所处的范围(3201~10000),再在普通检验水平Ⅱ中,找到字母L。

表9–3 抽样样本字码表

批量*N*	特殊检验水平				一般检验水平		
	S–1	S–2	S–3	S–4	Ⅰ	Ⅱ	Ⅲ
2~8	A	A	A	A	A	A	B
9~15	A	A	A	A	A	B	C
16~25	A	A	B	B	B	C	D
26~50	A	B	B	C	C	D	E
51~90	B	B	C	C	C	E	F
91~150	B	B	C	D	D	F	G
151~280	B	C	D	E	E	G	H
281~500	B	C	D	E	F	H	J
501~1200	C	C	E	F	G	J	K
1201~2300	C	D	E	G	H	K	L
2301~10000	C	D	F	G	J	L	M
10001~35000	C	D	F	H	K	M	N
35001~150000	D	E	G	J	L	N	P
150001~500000	D	E	G	J	M	P	Q
≥500001	D	E	H	K	N	Q	R

② 查表9–4，LEVEL Ⅱ、一次正常检查抽样方案。在表中第一列中找到L,在行中查出样本数为200,并在AQL 4.0的列中查得Ac=14，Re=15。

③ 从批量产品中随机抽取200件检验,如果有14件以内服装不合格,则可判断该批服装可接受,反之,如果大于14件,则可判断该批服装不可接受。

2. 二次抽样的例子

某批服装为500件,客户所要求的检验方案为LEVEL Ⅱ、AQL 4.0、二次正常抽样检验。

① 根据以上检验方案,查表9–3抽样样本字码表。在批量一栏中找到500所处的范围(281~500),在普通检验水平Ⅱ中,找到字母H。

② 查表9–5正常检验二次抽样方案,在表中第一列中找到H,在行中查得第一次的样本量为32，Ac=2，Re=5。

表9-4　正常检验一次抽样方案

接收质量限（AQL）

样本量字码	样本量	0.010 Ac Re	0.015 Ac Re	0.025 Ac Re	0.040 Ac Re	0.065 Ac Re	0.10 Ac Re	0.15 Ac Re	0.25 Ac Re	0.40 Ac Re	0.65 Ac Re
A	2	↓	↓	↓	↓	↓	↓	↓	↓	↓	↓
B	3	↓	↓	↓	↓	↓	↓	↓	↓	↓	↓
C	5	↓	↓	↓	↓	↓	↓	↓	↓	↓	↓
D	8	↓	↓	↓	↓	↓	↓	↓	↓	↓	↓
E	13	↓	↓	↓	↓	↓	↓	↓	↓	↓	↓
F	20	↓	↓	↓	↓	↓	↓	↓	↓	↓	0 1
G	32	↓	↓	↓	↓	↓	↓	↓	↓	0 1	↑
H	50	↓	↓	↓	↓	↓	↓	↓	0 1	↑	↓
J	80	↓	↓	↓	↓	↓	↓	0 1	↑	↓	1 2
K	125	↓	↓	↓	↓	↓	0 1	↑	↓	1 2	2 3
L	200	↓	↓	↓	↓	0 1	↑	↓	1 2	2 3	3 4
M	315	↓	↓	↓	0 1	↑	↓	1 2	2 3	3 4	5 6
N	500	↓	↓	0 1	↑	↓	1 2	2 3	3 4	5 6	7 8
P	800	↓	0 1	↑	↓	1 2	2 3	3 4	5 6	7 8	10 11
Q	1250	0 1	↑	↓	1 2	2 3	3 4	5 6	7 8	10 11	14 15
R	2000	↑	↑	1 2	2 3	3 4	5 6	7 8	10 11	14 15	21 22

样本量字码	样本量	1.0 Ac Re	1.5 Ac Re	2.5 Ac Re	4.0 Ac Re	6.5 Ac Re	10 Ac Re	15 Ac Re	25 Ac Re	40 Ac Re	65 Ac Re	100 Ac Re	150 Ac Re	250 Ac Re	400 Ac Re	650 Ac Re	1000 Ac Re
A	2	↓	↓	↓	↓	0 1	↓	↓	1 2	2 3	3 4	5 6	7 8	10 11	14 15	21 22	30 31
B	3	↓	↓	↓	0 1	↑	↓	1 2	2 3	3 4	5 6	7 8	10 11	14 15	21 22	30 31	44 45
C	5	↓	↓	0 1	↑	↓	1 2	2 3	3 4	5 6	7 8	10 11	14 15	21 22	30 31	44 45	↑
D	8	↓	0 1	↑	↓	1 2	2 3	3 4	5 6	7 8	10 11	14 15	21 22	30 31	44 45	↑	↑
E	13	0 1	↑	↓	1 2	2 3	3 4	5 6	7 8	10 11	14 15	21 22	30 31	44 45	↑	↑	↑
F	20	↑	↓	1 2	2 3	3 4	5 6	7 8	10 11	14 15	21 22	↑	↑	↑	↑	↑	↑
G	32	↓	1 2	2 3	3 4	5 6	7 8	10 11	14 15	21 22	↑	↑	↑	↑	↑	↑	↑
H	50	1 2	2 3	3 4	5 6	7 8	10 11	14 15	21 22	↑	↑	↑	↑	↑	↑	↑	↑
J	80	2 3	3 4	5 6	7 8	10 11	14 15	21 22	↑	↑	↑	↑	↑	↑	↑	↑	↑
K	125	3 4	5 6	7 8	10 11	14 15	21 22	↑	↑	↑	↑	↑	↑	↑	↑	↑	↑
L	200	5 6	7 8	10 11	14 15	21 22	↑	↑	↑	↑	↑	↑	↑	↑	↑	↑	↑
M	315	7 8	10 11	14 15	21 22	↑	↑	↑	↑	↑	↑	↑	↑	↑	↑	↑	↑
N	500	10 11	14 15	21 22	↑	↑	↑	↑	↑	↑	↑	↑	↑	↑	↑	↑	↑
P	800	14 15	21 22	↑	↑	↑	↑	↑	↑	↑	↑	↑	↑	↑	↑	↑	↑
Q	1250	21 22	↑	↑	↑	↑	↑	↑	↑	↑	↑	↑	↑	↑	↑	↑	↑
R	2000	↑	↑	↑	↑	↑	↑	↑	↑	↑	↑	↑	↑	↑	↑	↑	↑

注：↓——使用箭头下面的第一个抽样方案。如果样本量等于或超过批量，则执行100%检验。

↑——使用箭头上面的第一个抽样方案。

Ac——接受数

Re——拒收数

表9-5　正常检验二次抽样方案

样本量字码	样本	样本量	累计样本量	接收质量限（AQL）																									
				0.010	0.015	0.025	0.040	0.065	0.10	0.15	0.25	0.40	0.65	1.0	1.5	2.5	4.0	6.5	10	15	25	40	65	100	150	250	400	650	1000
				Ac Re	Ac Re	Ac Re	Ac Re	Ac Re	Ac Re	Ac Re	Ac Re	Ac Re	Ac Re	Ac Re	Ac Re	Ac Re	Ac Re	Ac Re	Ac Re	Ac Re	Ac Re	Ac Re	Ac Re	Ac Re	Ac Re	Ac Re	Ac Re	Ac Re	Ac Re
A				↓	↓	↓	↓	↓	↓	↓	↓	↓	↓	↓	↓	↓	↓	*	↓	↓	*	*	*	*	*	*	*	*	*
B	第一 第二	2 4	2 4	↓	↓	↓	↓	↓	↓	↓	↓	↓	↓	↓	↓	↓	*	↑	↓	0 2 1 2	0 3 3 4	1 3 4 5	2 5 6 7	3 6 9 10	5 9 12 13	7 11 18 19	11 16 26 27	17 22 37 38	25 31 56 57
C	第一 第二	3 3	3 6	↓	↓	↓	↓	↓	↓	↓	↓	↓	↓	↓	↓	*	↑	↓	0 2 1 2	0 3 3 4	1 3 4 5	2 5 6 7	3 6 9 10	5 9 12 13	7 11 18 19	11 16 26 27	17 22 37 38	25 31 56 57	↑
D	第一 第二	5 5	5 10	↓	↓	↓	↓	↓	↓	↓	↓	↓	↓	↓	*	↑	↓	0 2 1 2	0 3 3 4	1 3 4 5	2 5 6 7	3 6 9 10	5 9 12 13	7 11 18 19	11 16 26 27	17 22 37 38	25 31 56 57	↑	↑
E	第一 第二	8 8	8 16	↓	↓	↓	↓	↓	↓	↓	↓	↓	↓	*	↑	↓	0 2 1 2	0 3 3 4	1 3 4 5	2 5 6 7	3 6 9 10	5 9 12 13	7 11 18 19	11 16 26 27	17 22 37 38	25 31 56 57	↑	↑	↑
F	第一 第二	13 13	13 26	↓	↓	↓	↓	↓	↓	↓	↓	↓	*	↑	↓	0 2 1 2	0 3 3 4	1 3 4 5	2 5 6 7	3 6 9 10	5 9 12 13	7 11 18 19	11 16 26 27	↑	↑	↑	↑	↑	↑
G	第一 第二	20 20	20 40	↓	↓	↓	↓	↓	↓	↓	↓	*	↑	↓	0 2 1 2	0 3 3 4	1 3 4 5	2 5 6 7	3 6 9 10	5 9 12 13	7 11 18 19	11 16 26 27	↑	↑	↑	↑	↑	↑	↑
H	第一 第二	32 32	32 64	↓	↓	↓	↓	↓	↓	↓	*	↑	↓	0 2 1 2	0 3 3 4	1 3 4 5	2 5 6 7	3 6 9 10	5 9 12 13	7 11 18 19	11 16 26 27	↑	↑	↑	↑	↑	↑	↑	↑
J	第一 第二	50 50	50 100	↓	↓	↓	↓	↓	↓	*	↑	↓	0 2 1 2	0 3 3 4	1 3 4 5	2 5 6 7	3 6 9 10	5 9 12 13	7 11 18 19	11 16 26 27	↑	↑	↑	↑	↑	↑	↑	↑	↑
K	第一 第二	80 80	80 160	↓	↓	↓	↓	↓	*	↑	↓	0 2 1 2	0 3 3 4	1 3 4 5	2 5 6 7	3 6 9 10	5 9 12 13	7 11 18 19	11 16 26 27	↑	↑	↑	↑	↑	↑	↑	↑	↑	↑
L	第一 第二	125 125	125 250	↓	↓	↓	↓	*	↑	↓	0 2 1 2	0 3 3 4	1 3 4 5	2 5 6 7	3 6 9 10	5 9 12 13	7 11 18 19	11 16 26 27	↑	↑	↑	↑	↑	↑	↑	↑	↑	↑	↑
M	第一 第二	200 200	200 400	↓	↓	↓	*	↑	↓	0 2 1 2	0 3 3 4	1 3 4 5	2 5 6 7	3 6 9 10	5 9 12 13	7 11 18 19	11 16 26 27	↑	↑	↑	↑	↑	↑	↑	↑	↑	↑	↑	↑
N	第一 第二	315 315	315 630	↓	↓	*	↑	↓	0 2 1 2	0 3 3 4	1 3 4 5	2 5 6 7	3 6 9 10	5 9 12 13	7 11 18 19	11 16 26 27	↑	↑	↑	↑	↑	↑	↑	↑	↑	↑	↑	↑	↑
P	第一 第二	500 500	500 1000	↓	*	↓	↓	0 2 1 2	0 3 3 4	1 3 4 5	2 5 6 7	3 6 9 10	5 9 12 13	7 11 18 19	11 16 26 27	↑	↑	↑	↑	↑	↑	↑	↑	↑	↑	↑	↑	↑	↑
Q	第一 第二	800 800	800 1600	*	↑	↑	0 2 1 2	0 3 3 4	1 3 4 5	2 5 6 7	3 6 9 10	5 9 12 13	7 11 18 19	11 16 26 27	↑	↑	↑	↑	↑	↑	↑	↑	↑	↑	↑	↑	↑	↑	↑
R	第一 第二	1250 1250	1250 2500	↑	↑	0 2 2 1	0 3 3 4	1 3 4 5	2 5 6 7	3 6 9 10	5 9 12 13	7 11 18 19	11 16 26 27	↑	↑	↑	↑	↑	↑	↑	↑	↑	↑	↑	↑	↑	↑	↑	↑

注：⇧——使用箭头下面的第一个抽样方案。如果样本量等于或超过批量，则执行100%检验。

⇩——使用箭头上面的第一个抽样方案。

Ac——接受数　Re——拒收数　*——使用对应的一次抽样方案

③ 从批量产品中随机抽取32件检验，如果不合格品小于或等于2件，可以认为该批服装合格。如果不合格品大于或等于5件，则认为这批服装不合格。如果不合格品的数量介于2~5之间，那么就需要进行第二次抽样检验。

④ 回到表9-5正常检验二次抽样方案，知道第二次检验的样本数为32件，累计样本数为64件，Ac=6，Re=7，注意这里的Ac也是累计疵点数。

⑤ 仍然从批量产品中抽出32件检验。如果第一次和第二次的总疵点数小于或等于6件，可以判断该批货物可以接受，如果大于6件，则判断该批货物不合格，不予接受。

三、AQL表格

实际应用中，可以将经常使用的AQL标准列成表格，放入有关的文件夹中。例如某服装公司常用的检验方案为：LEVEL Ⅱ，一次正常或严格抽样检验，见表9-6。

表9-6　LEVEL Ⅱ一次严格或正常的检验方案

批　量	检验数	AQL 1.5		AQL 2.5		AQL 4.0		AQL 6.5	
		正常	严格	正常	严格	正常	严格	正常	严格
		Ac	Ac	Ac	Ac	Ac	Ac	Ac	Ac
2~8	2	0	0	0	0	0	0	0	0
9~15	3	0	0	0	0	0	0	0	0
16~25	5	0	0	0	0	0	0	1	1
26~50	8	0	0	0	0	1	1	1	1
51~90	13	0	0	1	1	1	1	2	1
91~150	20	1	1	1	1	2	1	3	2
151~280	32	1	1	2	1	3	2	5	3
281~500	50	2	1	3	2	5	3	7	5
501~1200	80	3	2	5	3	7	5	10	8
1201~2300	125	5	3	7	5	10	7	14	12
2301~10000	200	7	5	10	8	14	12	21	18
10001~35000	315	10	8	14	12	21	18	21	18
35001~150000	500	14	12	21	18	21	18	21	18
150001~500000	800	21	18	21	18	21	18	21	18
500001以上	1250	21	18	21	18	21	18	21	18

第四节 疵点分析

一、什么是疵点

疵点，一般指织物上不应当有的斑点或小毛病。目前在服装行业里，疵点的概念不仅限于织物，其他服装用的材料上的质量问题以及设计、制版、裁剪、缝制、熨烫、包装等整个生产过程中产生的质量问题，统称为服装疵点。

二、疵点的产生

疵点产生的原因很多，应该说涉及服装生产的整个过程，甚至运输、销售等环节也会产生疵点，因此，分析疵点产生的原因时，首先要能正确地收集相关信息，同时尽快根据合理的、技术上可充分说明的检验基准，进行冷静地判断。这样不仅正确分析了疵点，而且可以防止疵点再次发生，进而改进工序等。

一般发现疵点的地方，大多是在检验工序，也有在检验工序未被发现而在制衣阶段、流通时才被发现的情况。前者一般为生产加工而产生的疵点，后者则以包装、保管、经营等环节造成的居多。另外，疵点的判定标准不是一成不变的，即便我们按照国际基准，它也还与许多其他因素有关。对于同样程度的疵点，有时被认为完全允许的，有时被认为是完全不允许的。因此，确定疵点，要考虑“何人”、“何时”、“何地”、“参照物”、“如何”等因素。

分析疵点的产生，还要考虑疵点产生的数量与生产工序，是只有部分生产制品产生疵点，还是几乎全部制品都有，必须掌握这一重要信息。另外，出现疵点的机织物、针织物是经何种纱线织造、编织和染整处理等深加工的信息，这些是疵点分析、判断上最为重要的影响因素，特别是深加工时的受热加工、染料助剂处理的方法等更应加以掌握。

三、疵点的内容

在疵点分析时，按照疵点内容的不同，将其归类，就能较快速、正确地分析服装外观疵点。目前服装外观疵点的通用分类如表9-7。

表9–7　服装外观疵点通用分类

序号	疵点项目分类	疵点区分	主要疵点的内容
A	尺寸不良	1. 平推尺寸不正确	尺寸过大或不足；同批量内尺寸差不一致、不规则；与规格尺寸不一致
		2. 拉伸后尺寸不符	没考虑穿着时的特性；功能性尺寸不对
		3. 位置、长度、平衡不良	中心错位；裙子、省道不整齐；左右口袋不对称；袖长不对称；套差
B	外观不良	4. 形态不良	纬斜；扭曲；卷曲；拱曲；拧曲；重叠
		5. 搭配、色差	对花形不准；色差；布纹；毛羽倒向不对；衬布移位
		6. 手感、光泽等不良	僵硬；粘手；起皱；光泽；污点；起球
		7. 后整理不良	熨烫不良；熨斗印；极光；折叠不良
		8. 整理不良	缝纫线头不良；剪刀伤
		9. 污渍、污点	垃圾；油污；药渍；杂物粘附；黄变
C	主面料的疵点(包括里料)	10. 染色不良	色差；印花错位；搭色；掉色；变、褪色
		11. 机织物、编织物疵点	错组织；打褶；经向条状；横段；拉布疵；组织不整齐；色差；棉结；杂毛；杂质
		12. 其他的伤洞、破损	漏针；断线；抽丝；皮带痕迹；机织物、编织物损伤
		13. 强度不足	主面料强力不足（是指易破损的材料）
D	辅料疵点	14. 破损、机能不良	钮扣破损；拉链滑动不灵活；按扣太紧、太松
		15. 物理性能不良	染色不良；强度不足；外观不良、按扣生锈
		16. 缝纫位置不良	外观不好；形态变形
		17. 不足、脱落	钮扣脱落
		18. 缝制、粘合不良	缝制方法不正确；粘着树脂外漏
E	缝制不良	19. 底线断线	针洞伤；压脚印
		20. 缝迹伤	返修针洞；缝过头
		21. 滑针	完全没有缝合；容易脱针
		22. 套口缝合不良	套口缝合时滑针、漏针
		23. 缝线调整不良	主要原因是机器调整不好，跳针、断线、接缝、缩皱、松散（开口）
		24. 缝纫作业不良	缝线弯曲、拧曲、布皱、抽缩、折痕、不平状、裤缝偏移；缝纫不够；连接带起皱
		25. 回针、套结、加固不良	止伸缩织带；接肩；无小裆布；使用长纤维线；缝线处面料滑丝
		26. 缝制方法不对	做工不准确；缝纫线强度不足；运针不良
F	其他	27. 安全性	断针；异物混入；异、臭味；变质；皮肤过敏；闪光物
		28. 表示、其他	无表示；表示不正确；警告表示不对

四、疵点的分析

1. 疵点分析顺序

下面以较具代表性的日本JIS疵点分析方法来说明疵点分析的顺序。

① 观察整个疵点的形状。根据情况需要,可以使用实体显微镜等放大镜来观察疵点,以便取得较多信息。例如:周期性、经、纬纱的关系,表里结构的关系,织地、布边的关系,疵点的大小,纱线的性状,表面状态等等。

② 透光观察是否出现疵点。观察组织面、纱线的粗细等。

③ 利用水平、垂直斜向光来观察疵点变化的状态及程度。例如:结构差、基质差等等。

④ 用手触摸,嗅气味。例如:手感、凹凸、手感不良、异味等。

⑤ 检查服装制品功能性尺寸是否符合客户要求。

⑥ 检查外观、缝制、规格是否符合客户要求。

⑦ 利用人模(假人)检验:重点观察服装的平衡性和整体效果。

①、②、③、④项主要是对服装面料、里料、衬布和其他辅料(钮扣、拉链、按扣等)分析,⑤、⑥、⑦项主要是对服装的缝制、规格及整体效果分析。

2. 疵点分析的要素

1)根据疵点发生的频率区分

① 连续发生的疵点;

② 偶然发生的疵点。

2)根据发生的部位区分

① 包装时发生在表面部分的疵点;

② 前身、后身的中部以及橡筋部分的疵点;

③ 腋下、股下等穿着时隐蔽部分的疵点;

④ 下摆部分的疵点。

3)根据发生的原因区分

① 因设计原因造成的不良;

② 因面料原因造成的不良;

③ 因辅料原因造成的不良;

④ 因缝制原因造成的不良。包括a:机器调整不良;b:操作方法不良;c:其他。

⑤ 因管理原因造成的不良。

⑥ 因整理、后整理原因造成的不良。

五、疵点的判定

在进行AQL抽样检验时,检验者需要去发现疵点并予以计数。大多数情况下,在计数前,还需要检验者对疵点性质进行判断。疵点的性质即为疵点的严重程度,关于疵点的判断,因用户而异,因人而异,因服装的款式而异。有分为严重疵点、轻微疵点两类的;也有分为严重疵点、主要疵点和次要疵点三类的;还有分为致命不良、严重不良、轻微不良、微小不良四类的。

1. 划分为两类疵点

对疵点的两类判定最为简单,严重疵点是与轻微疵点相对而言的。所谓严重疵点,是指疵点的性质可能会影响服装的销售性和实用性,或者与客户的规格有重大差异的疵点,反之则为轻微疵点。例如对于面料疵点,若单独来看,凡能目测到的都为严重疵点,但是从服装的整体性来看,又涉及疵点的位置。如果位于服装领部或前上身等主要部位,大多会影响到服装的销售,属严重疵点。但如果疵点位于腋下或下摆,并且不影响服装的外观,可认为是轻微疵点。这种根据部位来判断疵点的严重或轻微,可以参考图9-3、图9-4。但是根据部位来判断疵点的严重或轻微,仅仅限于面料疵点和车缝疵点。在某些颜色的服装中,一些面料疵点并不明显,故也可作轻微疵点处理。对于服装的外观不平服,通常认为是轻微疵点,但如果发现该有翘势的部位翘不起来,窝势的部位起涌等外观疵点,按照销售性和实用性的原则来判断,应作为严重疵点处理。

按照两类疵点划分时,对带有严重疵点的某件成衣,AQL计数时按一件计。对带有轻微疵点的某件成衣,AQL计数时按1/2件计。

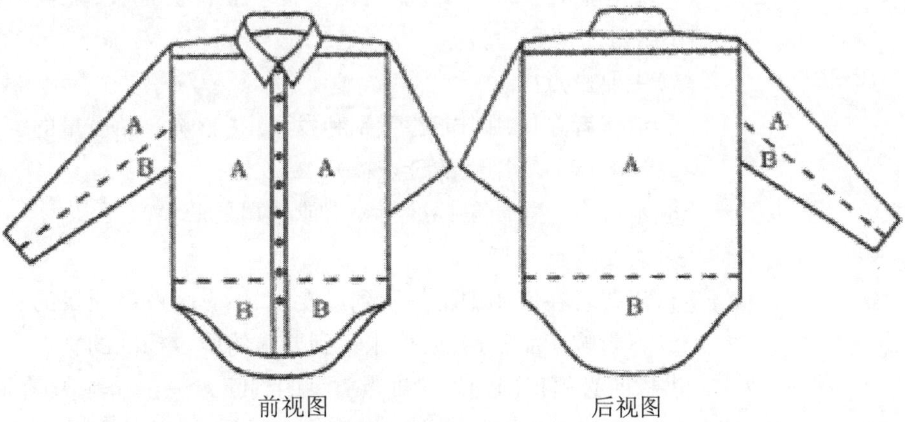

A—主要部位 B—次要部位

图9-3 上装疵点部位

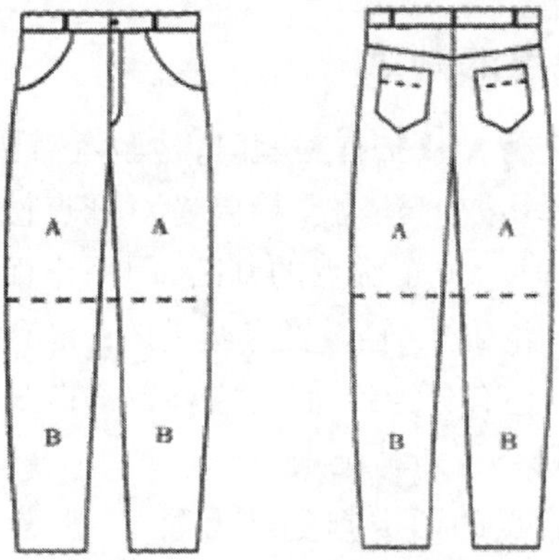

前视图　　后视图

A—主要部位 B—次要部位

图9-4　下装疵点部位

有些客户,不区分严重疵点或轻微疵点,而是认为只要疵点是可视的,就进行计数。但是在实践中,也是将较为明显的疵点计数。

2. 划分为三类疵点

以某公司为例,它规定:

1)严重疵点

① 不符合公司的安全性要求及有关化学品的限制规定的产品;

② 商标上缺少编号;

③ 商标上缺少原产地或组成成分;

④ 商标上缺少公司地址;

⑤ 在童装或睡衣上缺少“远离火种”等警示性标签的产品。

如果检验时发现严重疵点,则整批产品将被拒收,并且由供货商的质量控制小组重新彻底检验。

2)主要疵点

① 消费者在使用中能够看到和发现,并影响产品质量的疵点;

② 影响产品实用性的疵点;

③ 不符合公司质量标准与要求或公司最低生产要求。

3)次要疵点是指:

① 消费者在使用中不易看到或发现,不影响产品质量的疵点

② 不影响产品实用性,但未达到要求的质量标准的疵点

供货商必须正确理解对疵点类型的判断方法,一般集中在同一关键区域,即服装的上部、前中部, 3个次要疵点应看作是1个主要疵点。同一件服装中有1个主要疵点和一些次要疵点,则按这件服装有1个主要疵点计算。如果连续出现次要疵点,影响了服装的整体外观,就应停止生产,探讨问题所在。

我国的某些服装产品标准将疵点存在部位划分为三个部位,不同部位疵点允许存在的程度不同,如西服、大衣、棉服装、羽绒服装等。如图9-5所示,西装成品部位划分为1、2、3号部位,1号部位为重要部位,疵点允许存在程度最轻,3号部位疵点允许存在程度最大。

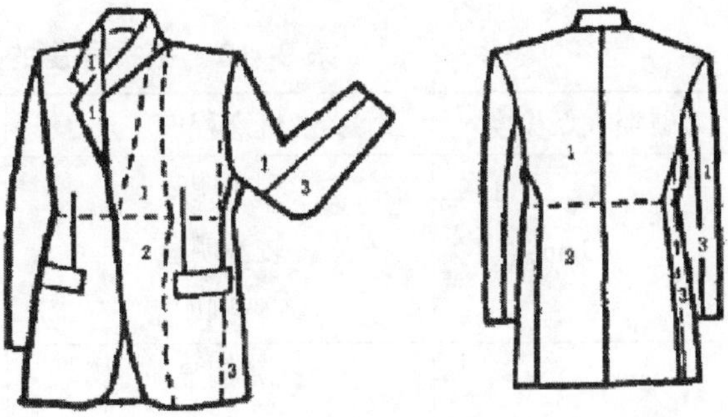

图9-5 男西装成品部位划分

3. 划分为四类疵点

日本纤维制品品质技术中心(简称QTEC)将不良品按照严重程度分为四类,见表9-8。它还根据疵点产生的部位,列出与严重程度的对应关系,见表9-9。

表9-8 不良品及程度判定

致使不良	失去作为商品的全部功能以及可能对人体有危害的疵点
重不良	商品价值受到明显不良损害的疵点
轻不良	在商品的穿着上没有特别问题,但商品价值受降低的轻微不良的疵点
微不良	没有特别明显的不良,为了提高商品品质,有必要予以指导的疵点

表9-9 疵点部位及程度的关联

程度 / 部位	致命不良	重不良	轻不良	微不良
包装表面	严重不可	严重不可	不可	状况尚可
大身中央	严重不可	不可	状况尚可	可
下摆	严重不可	不可	状况尚可	—

QTEC对服装主要疵点的判定基准如下：

破损（破洞、裂缝等疵点除外）见表9-10。

污渍见表9-11。

前面部位的破损及不良（印花花形错位等）见表9-12。

表9-10　破损程度的判定

破损疵点长度	疵点程度	判定结果
0~3mm	稍为明显 较为明显 不特别明显	微不良 轻不良 微不良
3~10mm	稍明显 较为明显 不特别明显	轻不良 重不良 微不良
10mm以上	稍明显 较为明显	轻不良 重不良

表9-11　污渍程度的判定

污渍的类别	污渍的程度	判定结果
可去除的污渍（使用专用的去污剂除外）	不特别明显 稍明显 较为明显 非常明显	微不良 微不良 轻不良 重不良
不可去除的污渍	不特别明显 稍明显 较为明显 非常明显	微不良 微不良 轻不良 重不良

表9-12　前面部位的破损及不良

破损及不良的程度	判定结果	破损及不良的程度	判定结果
不特别明显 稍明显	微不良 微不良	较为明显 非常明显	轻不良 重不良

我国的某些服装产品标准将服装成品部位划分为四个部位，比如衬衫、砂洗丝绸服装等。如图9-6所示，衬衫成品部位划分为0、1、2、3号部位，0号部位为重要部位，疵点允许存在程度最轻，3号部位疵点允许存在程度最大。

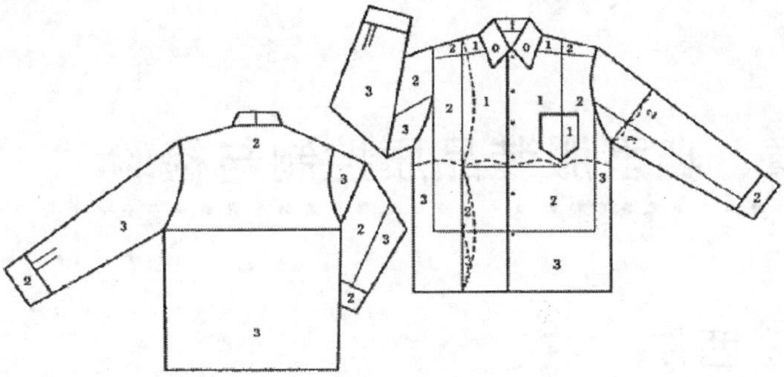

图9-6 衬衫成品部位划分

思考与练习题

1. AQL是怎样的一种方法？
2. 如何用AQL法进行一次抽样和二次抽样检验？
3. 如何判定疵点？

第十章　典型服装品质控制与检验

第一节　西装、大衣

西装起源于欧洲，是西式服装的一种形式，以直线的剪裁和自然的肩线、整齐统一的风格成为男士服装的典型代表。经过一个多世纪的演变，西装不仅在基本造型和穿着方法上形成不同的风格特征，满足不同个人的喜好和场合的需要，而且西装也成为职业女性参与各种社会活动的首选服装。

大衣是天气寒冷时，穿在一般服装外面、上下连为一体的长外衣，根据穿着场合与方式的不同，可分为与西装等相搭配的正装类大衣和休闲类大衣。

西装及正装类大衣，包括男女西服上衣、马甲、男女西裤、男女大衣及女裙，属于定型服装的一种，强调立体造型，其板型结构和工艺流程基本稳定，制作工艺复杂，在现代化企业中大多使用专业设备来保证其质量和效率。

一、总体质量要求

① 造型优美、平服，挺括、饱满。大多数情况下，以前中线为基准，左右对称。

② 面料无明显疵点，领面、驳头等明显部位不得有任何疵点。

③ 不得有影响外观的污渍、水迹、粉印、烫黄、极光及线头等疵点。

④ 使用粘合衬的部位，不得存在脱胶的现象。

⑤ 各部位线路顺直，松紧适宜，针迹密度符合合同或标准要求。

⑥ 锁眼、钉扣位置准确，大小适宜。钉扣牢固，锁眼整齐、光洁，用线符合要求。

⑦ 滚条平服，宽窄一致。

⑧ 各部位套结定位准确,平整牢固。

⑨ 商标、洗涤说明、尺码标等位置准确、美观牢固。

⑩ 倒顺毛面料及图案、花型有方向性的面料,应顺向一致。

⑪ 套装中上、下装的色差不低与4级。

二、检验操作程序

根据服装的款式不同,有不同的检验方法。一般,裙与男女西裤采用将服装平放于检验台上的平面检验法,而男女西服上衣和大衣的检验,除了平面检验法之外,还可采用将西服穿在人体模型架上的立体检验法。

西服及大衣在人体模型上,应呈自然穿着状态,扣上第一粒钮扣。按照以下程序检查:前身全体、领驳头、门襟、左前肩部、左前身、左腰带、左袖、右前肩部、右前身、右腰带、右袖、右侧缝及腋下、背面、左后肩部、后领、右后肩部、摆衩或后衩、前夹里、左袖窿、左里袋、门襟挂面、右袖窿、右里袋、里襟挂面、后身夹里、两袖夹里。要求胸部饱满、平挺;门襟下摆不搅不豁;无爬领、荡领;串口顺直,领驳面平服、自然、左右对称;肩头部平服自然;两袖高低适度、一致;袖山头圆顺,吃势均匀一致。

西裤应内外侧缝对齐,腰在左侧(或右侧),门襟向前(或后)平放于检验台上。按照以下程序检查:左侧全体、左腰头部、左侧缝部、左右裤内侧缝、门襟部位、右侧全体、左侧腰头、右侧裤侧缝部、后腰部、裤里、前挺势、横渡势。要求腰面平服,左右格对称,宽窄一致;里衬平服。无裂形,止口不反吐;前后裆圆顺、平服、牢固;门里襟长短一致,贴边襟平服,不吐出门襟;小裆圆顺自然;平腰封结牢固,袋口牢固平服;拉链顺滑,缝制平服,松紧适宜。

裙子应腰向后,平放于检验工作台上。按照前片、后片、腰头部、左右侧缝、拉链部位、夹里、裙摆的顺序检查。要求腰面平服、顺直;拉链缝制松紧适宜;后衩平服,不搅不豁;夹里不得反吐;裙摆翘边松紧适宜,正面无明显针花。

三、检验内容

（一）外型检验

1. 男女西服上衣、大衣

男女西服上衣、大衣外型检验要求见表10-1。

表10-1　西服上衣、大衣外型检验要求

种类	序号	外　型　要　求
前身	1	门襟平挺，左右两边下摆外型一致（圆摆、平摆），无搅豁
	2	止口挺薄顺直，无起皱反吐，宽窄相等，圆的应圆，方的应方，尖的应尖
	3	驳口平服顺直，左右两边长短一致，串口要直，左右领缺嘴相同
	4	胸部挺满，无皱无泡，省缝顺直，高低一致，省尖无泡形，省缝与袋口进出左右相等
	5	手巾袋平服，封口须清晰牢固，经纬条格须与大身对齐
	6	大袋平服，嵌线宽窄一致，袋盖与袋口大小适宜，封口方正牢固，袋盖、袋片无宽窄，双袋大小、高低、进出斜势一致
领子	7	领子平服，不爬领、荡领，翘势应准确
	8	前领丝缕正直，领面松紧适宜，左右两边丝缕须一致。包领结实，花绷整齐，领里切线清晰
袖子	9	两袖垂直，长短相同，左右袖口大小、袖衩高低一致。袖口宽窄左右相同
	10	袖窿圆顺，吃势均匀，前后无吊紧曲皱
	11	袖口平服齐正，扣位正确
	12	连袖中缝须平顺，大袖中缝须对准省缝
肩	13	肩头平服，无皱裂形，肩缝顺直，吃势均匀，连袖左右大小一致
	14	肩头宽窄、左右一致，垫肩两边进出一致，里外适宜
后背	15	背部平服，背缝挺直，左右格条或丝缕须对齐
	16	后背两边吃势要顺
	17	后衩平服无搅豁，里外长短一致
摆缝	18	摆缝顺直平服，松紧适宜，腋下不能有波浪形下沉
下摆	19	下摆平服顺直，贴边宽窄一致，撬针不外露
里子	20	各部位保持平服，里子大小、长短应与面料相适宜，余量适宜
	21	里子色泽与面料色泽相协调
	22	里子前身、后背不允许有影响美观和牢固的疵点；其他部位不能有影响牢固的疵点
	23	里袋高低、进出两边一致；封口清晰牢固，袋布平服，缉线牢固

2. 男女西裤、裙

男女西裤、裙外型检验见表10-2。

表10-2　西裤、裙外型检验

种类	序号	外型要求
裤(裙)腰	1	裤(裙)腰顺直平服,左右宽窄一致,缉线顺直,不吐止口
	2	串带部位准确、牢固、松紧适宜
	3	前身裥子及后省距离大小、左右相同,前后腰身大小、左右相同
门里襟	4	门襟小裆封口平服,套结牢固,缉线顺直清晰
	5	门里襟长短一致,贴门襟不过紧外吐,里襟平服,尖嘴圆头准确
	6	扣子与扣眼位置准确,拉链松紧适宜,拉链布不外露
裤(裙)身	7	左右裤脚长短、大小一致,贴脚布居中,进出适宜,前后挺缝丝缕正直;侧缝与下裆缝、中裆以下须对准
	8	侧缝顺直,松紧适宜,袋口平服,封口牢固,斜袋垫布须对格条
	9	后袋部位准确,左右相同,嵌线宽窄一致;封口四角清晰、套结牢固
	10	下裆缝顺直、无吊紧,后身拼角大小相同;后缝松紧一致,十字缝须对准
裤(裙)里	11	腰里整齐,松紧适宜,四件扣位置准确牢固,表袋平服
	12	膝盖绸大小适宜,大小裤底须平服,后缝须缉双线
	13	袋布平服,封口无洞
	14	包缝线色泽须与面料相适宜
	15	里子大小、长短应与面料相适应
	16	扯线袢位置准确,长短适宜
	17	里料色泽应与面料相适应,无影响美观和牢固的疵点

（二）对条对格检验

对于条格在1cm以上的面料，需进行对条对格检验。见表10-3。

面料有明显条格在0.5cm及以上的，手巾袋与前身条料对条，格料对横，互差不大于0.1cm。倒顺毛、阴阳格原料，全身顺向一致。

表10-3　西装、大衣的对条对格检验　　单位：cm

类别	序号	部位名称	对条对格互差
上衣	1	左右前身	条料对条、格料对横，互差不大于0.3
	2	手巾袋与前身	条料对条、格料对格，互差不大于0.3
	3	大袋与前身	条料对条、格料对格，互差不大于0.3
	4	袖与前身	袖肘线以上前身格料对横，两袖互差不大于0.5
	5	袖缝	袖肘线以下，前后袖缝格料对横，互差不大于0.3
	6	背缝	条料对条、格料对横，互差不大于0.2
	7	背缝与后颈面	条料对条，互差不大于0.2
	8	领子、驳头	领尖、驳头左右对称，互差不大于0.2
	9	摆　缝	袖窿以下10cm处，格料对横，互差不大于0.3
	10	袖子	条格顺直，以袖山为准，两袖互差不大于0.5
裤子	11	后裆缝	格料对横，互差不大于0.3
	12	袋盖与后身	条料对条、格料对横，互差不大于0.3
	13	侧缝	袋口10cm以下，格料对横，互差不大于0.2

（三）对称部位检验

对称部位检验见表10-4。

表10-4　西装、大衣的对称部位检验　　单位：cm

类别	序号	对称部位	极限互差
上衣	1	领尖大小、领缺嘴大小	0.3
	2	袖子（左右、大小、长短）	0.5
	3	口袋（大小、进出、高低）	0.4
裤子（裙子）	4	裤脚（大小、长短）	0.5
	5	裤口大小	0.5
	6	口袋（大小、进出、高低）	0.4

（四）外观检验

1. 经纬纱向

西服、大衣要求：

前身经纱以领口宽线为准，不允许倾斜；

后身经纱以腰节下背中线为准，西服偏斜不大于0.5cm，大衣倾斜不大于1.0cm，条格料不允许倾斜；

袖子经纱以前袖缝为准，大袖片偏斜不大于1.0cm，小袖片偏斜不大于1.5cm（特殊工艺除外）；

领面经纱偏斜不大于0.5cm，条格料不允许倾斜；

袋盖与大身纱向一致，斜料要求左右对称；

挂面：以驳头止口处经纱为准，不允许倾斜。

西裤（裙）要求：

前身：经纱以烫迹线为准，臀围以下偏斜不大于0.5cm，条格料不允许倾斜；

后身：经纱以烫迹线为准，中档线以下；

腰头：经纱偏斜不大于0.3cm，条格料不允许倾斜。

色织格料纬斜不大于2%。

2. 拼接

大衣挂面允许在下一至二档扣眼之间，避开扣眼位拼接，允许两接一拼；西服、大衣耳朵皮允许两接一拼；其他部位不允许拼接。

腰头面、里允许拼接一处，男裤拼缝在后缝处，女裤（裙）拼缝在后缝或侧缝处（弧形腰除外）。

3. 色差

要求袖缝、摆缝色差不低于4级，其他表面部位高于4级，套装中上装与下装的色差不低于4级。

下裆缝、腰头与大身色差不低于4级，其他表面部位高于4级，套装中下装与上装的色差不低于4级。同批不同条色差不低于4级。

4. 外观疵点

成品各部位疵点允许存在程度见表10-5。成品各部位划分请参考第九章图9-5。

表10-5　西服、大衣、西裤（裙）成品各部位疵点允许程度

疵点名称	各部位允许存在程度		
	1号部位	2号部位	3号部位
纱疵	不允许	轻微，总长度1.0cm或总面积$0.3cm^2$以下；疵点明显不允许	轻微，总长度1.5cm或总面积$0.5cm^2$以下；疵点明显不允许
毛粒	1个	3个	5个
条印、折痕	不允许	轻微，总长度1.5cm或总面$1cm^2$以下；疵点明显不允许	轻微，总长度2.0cm或总面积$1.5cm^2$以下；疵点明显不允许
斑疵（油污、锈斑、色斑、水渍）	不允许	轻微，总面积不大于$0.3cm^2$；疵点明显不允许	轻微总面积不大于$0.5cm^2$；疵点明显不允许
破洞、磨损、蛛网	不允许	不允许	不允许

注：1. 各部位只允许一处疵点。
2. 优等品前领面及驳头不允许出现疵点。
3. 未列入本标准的疵点，按其形态参照表中所列相似疵点判定。

（五）缝制质量检验

1. 缝制检验

面料丝缕和倒顺毛原料顺向一致，图案花型配合相适应。

面料与粘合衬粘合应不脱胶、不渗胶、不引起面料变色、不引起面料皱缩。

钉扣除装饰外，每孔双线二次绕扣脚两周以上，缠绕次数须与面料厚度相适应（大衣四周以上）。扣脚平挺、结实牢固、不外露。扣与扣眼位置大小配合相适宜，扣眼整齐牢固。

车缝牢固、平整、宽窄适宜，各部位套结定位准确，平整牢固。

商标、洗涤说明、尺码带、成分标志等定位准确、整齐、美观、牢固。

各部位线路清晰、顺直、针迹密度一致，双明线、三明线间距相等。

2. 针迹密度检验

针迹密度按表10-6，特殊设计除外。

表10-6 西装、大衣的针迹密度

<table>
<tr><th rowspan="2">序号</th><th rowspan="2" colspan="2">项 目</th><th colspan="2">针 迹 密 度</th><th rowspan="2">备 注</th></tr>
<tr><th>西服、大衣</th><th>西裤（裙）</th></tr>
<tr><td>1</td><td colspan="2">明暗线</td><td>11~13针/3cm</td><td>11~14针/3cm</td><td>—</td></tr>
<tr><td>2</td><td colspan="2">包缝线</td><td>不少于9针/3cm</td><td>不少于10针/3cm</td><td>—</td></tr>
<tr><td>3</td><td colspan="2">手工针</td><td>不少于7针/3cm</td><td>不少于7针/3cm</td><td>袖窿、肩头、裤脚不少于9针/3cm</td></tr>
<tr><td>4</td><td colspan="2">手拱止口/机拱止口</td><td>不少于5针/3cm</td><td>—</td><td>—</td></tr>
<tr><td>5</td><td colspan="2">花绷三角针</td><td>不少于5针/3cm</td><td>腰口不少于9针/3cm
脚口不少于6针/3cm</td><td>单面计算</td></tr>
<tr><td rowspan="2">6</td><td rowspan="2">锁眼</td><td>细线</td><td>12~14针/1cm</td><td>12~14针/1cm</td><td>—</td></tr>
<tr><td>粗线</td><td>不少于9针/1cm</td><td>不少于9针/1cm</td><td>—</td></tr>
<tr><td rowspan="2">7</td><td rowspan="2">钉扣</td><td>细线</td><td>每孔不少于8根线</td><td>每孔不少于8根线</td><td>缠脚线高度与止口厚度相适应</td></tr>
<tr><td>粗线</td><td>每孔不少于4根线</td><td>每孔不少于4根线</td><td>—</td></tr>
<tr><td colspan="6">注：细线指20tex及以下缝纫线；粗线指20tex以上缝纫线。</td></tr>
</table>

（六）规格检验

规格是服装检验的重要项目。一般可分为平面测量和立体测量两种方法。西服和大衣都讲求三维的立体造型，在测量时，必须把握两点：一是将服装展平，在稳定的自然状态下测量；二是应确认准确的测量位置。

规格的测量部位、测量方法和极限偏差，以合同和确认样品来确定，如合同和确认样品没有具体规定，可按以下方法进行。

1. 西服和大衣

西服上衣和大衣的测量方法（以男西服、大衣为例）如图10-1所示，测量部位、极限偏差见表10-7。

表10-7 西服上衣、大衣的规格检验 单位：cm

序号	测量部位		测量方法	极限确差
1	衣长	西服	由后身中央装领线量至下摆底边	± 1.0
		大衣		± 1.5
2	胸围		扣好钮扣，前后身摊平、沿袖窿底缝横量（周围计算）	± 2.0
3	领大		领子摊平横量，搭门除外，开门领不考核	± 0.6
4	总肩宽		由肩袖缝的交叉点横量	± 0.6
5	袖长	装袖	由袖山最高点量至袖口边中间	± 0.7
		连肩袖	由后领中心沿袖山最高点量至袖口边中间	± 1.2

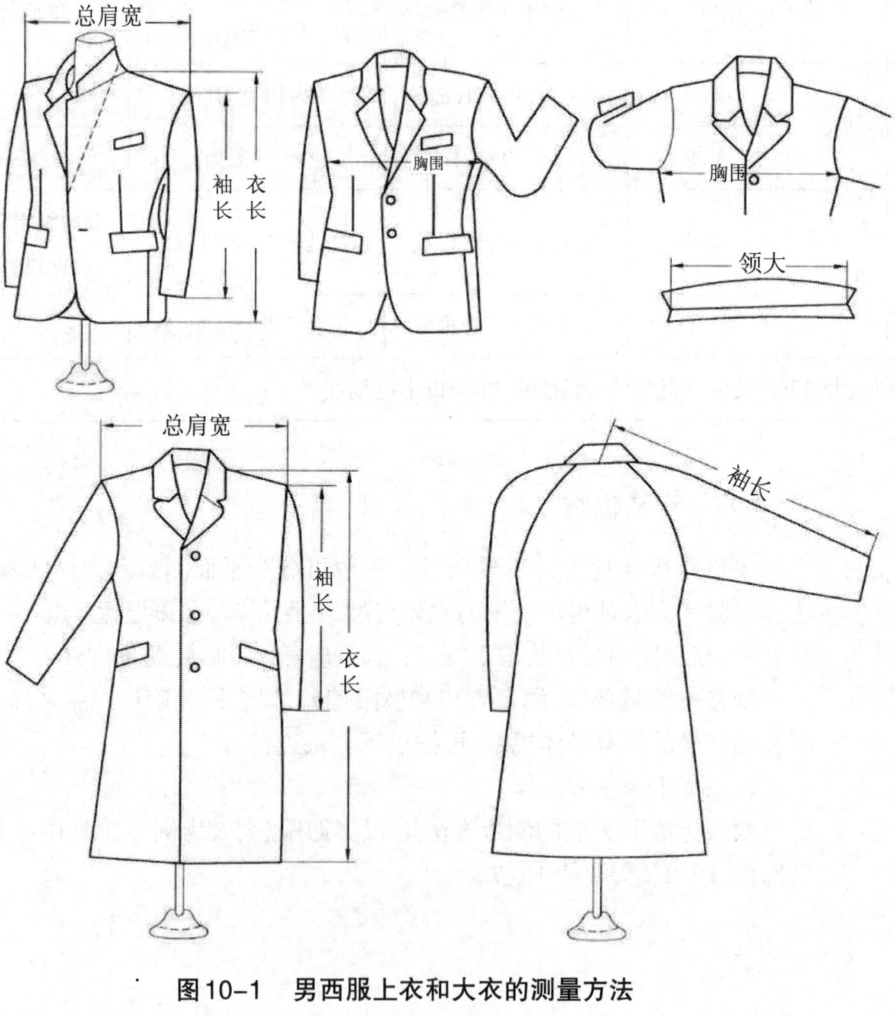

图10-1 男西服上衣和大衣的测量方法

2. 西裤（裙）

西裤（裙）的测量部位、测量方法和极限偏差见表10–8，测量方法如图10–2所示。

表10–8　西裤（裙）规格检验　　单位：cm

序号	测量部位	测 量 方 法	极限偏差
1	裤（裙）长	由腰部上端，沿侧缝量至脚口底边	±1.5
2	腰围	扣好裤钩（钮扣），沿腰宽中间横量（周围计算）	±1.0

注：特殊需要的按企业规定。

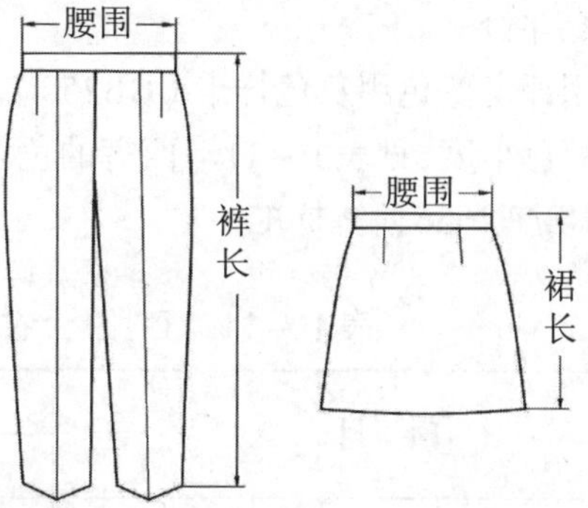

图10–2　西裤（裙）的测量方法

（七）物理、化学性能检验

1. 干洗、水洗尺寸变化率、洗涤后扭斜率

成品干洗尺寸变化率按FZ/T 80007.3规定测试，水洗尺寸变化率的测定按照GB/T 8630规定，洗涤方法采用7A程序，干燥方法采用A法。指标见表10–9。

表10–9　西装、大衣成品干洗、水洗尺寸变化率指标

部位名称	干洗尺寸变化率（%）	水洗尺寸变化率（%）
衣长	–1.0 ~ 1.0	–1.5 ~ +1.5
胸围	–0.8 ~ +0.8	–1.0 ~ +1.0
裤（裙）长	–1.0 ~ +0.8	–1.5 ~ +1.5
腰围	–0.8 ~ +0.8	–1.2 ~ +1.0

西裤洗涤后扭斜率要求：干洗，优等品要求小于等于1.5%，一等品、合格品要求小于等于3.0%；水洗，优等品要求小于等于2.0%，一等品、合格品要求小于等于4.0%。

2. 干洗后起皱等级

成品干洗后起皱等级按FZ/T 80007.3方法测试，参照西服起皱五级样照测定，指标见表10-10。

表10-10 西服、大衣成品干洗后起皱等级指标

等 级	优等品	一等品	合格品
干洗后起皱等级	＞4	4	≥3

3. 成品覆衬部位剥离强度

成品覆粘合衬部位剥离强度≥6N/（2.5cm×10cm）。

4. 色牢度

采用评定变色用灰色样卡（GB250）及评定沾色用灰色样卡（GB251）来评定成品色牢度，见表10-11。西裤的色牢度要求与西服大衣基本相同，具体请查阅GB/T 2666西裤标准。

表10-11 西服、大衣成品色牢度要求

项 目			色牢度允许程度（级）		
			优等品	一等品	合格品
面料色牢度/级	耐干洗	变色	≥4—5	≥4	≥3—4
		沾色	≥4—5	≥4	≥3—4
	耐皂洗	变色	≥4	≥3—4	≥3—4
		沾色	≥4	≥3—4	≥3
	耐水	变色	≥4	≥4	≥3—4
		沾色	≥4	≥3—4	≥3
	耐摩擦	干摩擦	≥4	≥3—4	≥3
		湿摩擦	≥3—4	≥3	≥2—3
	耐光	浅色	≥4	≥3	≥3
		深色	≥4	≥4	≥3—4
里料色牢度/级	耐干洗	沾色	≥4	≥3—4	≥3
	耐皂洗	沾色	≥4	≥3—4	≥3
	耐水	沾色	≥4	≥3—4	≥3
	耐干摩擦		≥4	≥3—4	≥3
装饰件和绣花耐皂洗、耐干洗沾色/级			≥3—4		

注：1. 按照GB/T4841.3规定，颜色大于1/12染料染色标准深度为深色，颜色小于等于1/12染料染色标准深度为浅色。

2. 耐湿摩擦色牢度和耐皂洗色牢度只考核使用说明注明可水洗产品。

5. 起毛起球

参考GB/T4802.1 中精梳毛织物起球样照（绒面）、精梳毛织物起球样照（光面）和粗梳毛织物起球样照，评定成品摩擦起毛、起球情况，见表10-12。

表10-12 西装、大衣成品起毛起球允许程度要求

项目	起毛、起球允许程度	
	优等品	一等品、合格品
精梳（绒面）	≥3—4	≥3
精梳（光面）	≥4	≥3—4
粗梳	≥3—4	≥3

6. 纰裂

西服、大衣纰裂的测试部位是后背缝（后领中向下25cm），袖窿缝（后袖窿弯处），摆缝（袖窿处向下10cm）。西裤纰裂的测试部位为裤后缝（后龙门弧线二分之一为中心）、裤（裙）侧缝（裤、裙侧缝上三分之一为中心）、下裆缝（下裆缝上三分之一为中心）。测试方法按GB/T 3923.1规定，要求：缝口纰裂≤0.6cm。

进行纰裂试验时，当出现织物撕裂、织物撕破或缝线断裂现象则试验合格，出现滑脱现象则判定试验不合格。

7. 面料撕破强力、后裆缝接缝强力

要求面料撕破强力≥10N/（20cm×5cm），测试方法按GB/T 3917.2规定。

后裆缝接缝强力：面料≥140N/（5cm×10cm）；里料≥80N/（5cm×10cm）。

8. 甲醛含量

须符合GB 18401规定，测试方法按GB/T 2912.1规定。

9. pH值

须符合GB 18401规定，测定按GB/T 7573规定。

10. 可分解致癌芳香胺染料

须符合GB 18401规定，测定按GB/T 17592规定，采用GC/MS内标法进行。

11. 异味

须符合GB 18401规定。

（八）包装检验

西服和大衣的包装目前通常为立体挂衣包装，也有少部分为折叠包装。

1. 挂装检验要求

衣架与服装大小相适宜。

胶带与服装大小适宜，胶带应封口平整，透明度良好，印刷字清晰。

件与件之间，松紧适宜，衣架与横杆之间应固定稳当。

2. 折叠包装检验要求

折叠包装检验要求，进出口服装按SN/T 0554—1996《出口服装包装检验方法》进行检验。其他服装按FZ/T 80002规定执行。

（九）检验结果判定

下面以西服、大衣为例，按照SN/T 1932.5—2008，根据疵点对服装整体外观及穿着性能的轻重程度将缺陷分为A类缺陷和B类缺陷。

1. A类缺陷的判定

① 主要规格超过极限偏差。

② 1、2部位面料疵点超过要求。

③ 1件或1套内色差低于4级。

④ 对条、对格超过规定。

⑤ 对称部位超过规定。

⑥ 粘合衬脱胶、渗胶。

⑦ 缺扣、掉扣、残扣、扣眼没开、锁眼断线、扣与扣眼不对位。

⑧ 缝制吃势严重不匀，严重吃纵。

⑨ 缺件、漏序、开线、断线、毛漏、破损。

⑩ 整烫严重不良、整烫变色、极光、水渍、污渍。

2. B类缺陷的判定

① 3部位面料疵点超过规定。

② 应滴针（条）处未滴针（条）。

③ 缝制吃势不匀，吃纵，轻微影响外观。

④ 里料与面料松紧不适宜。

⑤ 整烫、折叠不良。

⑥ 缝制不顺直，不等宽。

3. 未列入缺陷参照类似缺陷掌握。

GB/T 2664 男大衣、西服根据产品不符合标准和对产品的性能、外观的影响程度，将缺陷分为轻缺陷、重缺陷和严重缺陷。

1）轻缺陷的判定

① 使用说明标签不端正，明显歪斜；钉商标线与商标底色不适应；使用说明内容不规范。

② 缝纫线色泽、色调与面料不相适应；钉扣线与扣色泽、色调不适应。

③ 锁眼间距互差大于0.4cm，偏斜大于0.2cm，纱线绽出。

④ 扣与眼位互差大于0.2cm（包括附件等）；钉扣不牢。

⑤ 纬斜超过标准规定50%及以内。

⑥ 对条对格超过标准50%及以内。

⑦ 表面部位色差不符合标准规定的半级以内；衬布影响色差低于4级。

⑧ 2号、3号部位外观疵点超标准规定。

⑨ 针距低于标准规定2针以内(含2针)。

⑩ 规格超过标准规定50%及以内。

⑪ 领子、驳头面、衬、里松紧不适宜,表面不平挺。

⑫ 领口、驳口、串口不顺直；领子、驳头止口不反吐。

⑬ 领尖、领嘴、驳头左右不一致,互差大于0.3cm；领豁口左右明显不一致。

⑭ 领窝不平服、起皱,上领偏斜大于0.5cm。

⑮ 领翘不适宜；领外口松紧不适宜；底领外露。

⑯ 肩缝不顺直；不平服。

⑰ 两肩宽窄不一,互差大于0.5cm。

⑱ 胸部不挺括,左右不一致；腰部不平服；省位左右不一致。

⑲ 袋位高低互差大于0.3cm；前后互差大于0.5cm。

⑳ 袋盖长短、宽窄互差大于0.3cm；口袋不平服、不顺直、宽窄不一致；袋角不整齐。

㉑ 门里襟不顺直、不平服；止口反吐。

㉒ 门襟长于里襟,西服大于0.5cm,大衣大于0.8cm；里襟长于门襟；门里襟明显搅豁。

㉓ 眼位距离偏差大于0.4cm,眼与扣位互差0.4cm；扣眼歪斜；眼互差大于0.2cm。

㉔ 底边明显宽窄不一致；不圆顺；里子底边宽窄明显不一致。

㉕ 绱袖不圆顺,吃势不适宜;两袖前后不一致大于1.5cm;袖子起吊、不顺。

㉖ 袖长左右对比互差大于0.7cm；两袖口对比互差大于0.5cm。

㉗ 后背不平、起吊；开衩不平服,不顺直；开衩止口明显搅豁；开衩长短互差大于0.3cm。

㉘ 衣片缝合明显松紧不平；不顺直；连续跳针（30cm内出现两个单跳针按连续跳针计算）。

㉙ 有叠线部位漏叠2处(包括2处)以下；衣里有毛、脱、漏。

㉚ 明线宽窄、弯曲。

㉛ 滚条不平服、宽窄不一致；腰节以下活里没包缝。

㉜ 轻度污渍；熨烫不平服；有明显水花、亮光；表面有大于1.5cm的连

根线头3根及以上。

2）重缺陷的判定

① 使用说明内容不正确。

② 里料、缝纫线的性能与面料不适应。

③ 跳线；开线；毛漏；漏开眼。

④ 扣与眼位互差大于0.5cm（包括附件等）。

⑤ 纬斜超标准规定50%以上。

⑥ 对条对格超过标准50%以上。

⑦ 拼接不符合规定。

⑧ 表面部位色差不符合标准规定的半级以上；衬布影响色差低于3–4级。

⑨ 1号部位外观疵点超标准规定。

⑩ 针距低于标准规定2针以上。

⑪ 规格超过标准规定50%以上。

⑫ 领子、驳头面、衬、里明显不适宜，不平挺。

⑬ 领窝严重不平服、起皱，上领偏斜大于0.7cm。

⑭ 领翘严重不适宜；底领外露大于0.2cm。

⑮ 肩缝严重不顺直；不平服。

⑯ 两肩宽窄不一，互差大于0.8cm。

⑰ 胸部严重不挺括；腰部严重不平服。

⑱ 袋位高低互差大于0.8cm；前后互差大于1.0cm。

⑲ 袋盖小于袋口（贴袋）0.5cm（一侧）或小于嵌线；袋布垫料毛边无包缝。

⑳ 止口明显反吐。

㉑ 里子短，面明显不平服；里子长，明显外露。

㉒ 绱袖明显不圆顺；两袖前后明显不一致大于2.5cm；袖子明显起吊、不顺。

㉓ 袖长左右对比互差大于1.0cm；两袖口对比互差大于0.8cm。

㉔ 后背明显不平服、起吊。

㉕ 表面部位有毛、脱、漏；缝份小于0.8cm；链式缝迹跳针有1处。

㉖ 有叠线部位漏叠超过2处。

㉗ 明线接线。

㉘ 有明显污渍，污渍大于2cm^2；水花大于4cm^2。

3）严重缺陷

① 使用说明内容缺项。

② 钮扣、金属扣脱落（包括附件等）；金属件锈蚀。

③ 面料倒顺毛，全身顺向不一致。

④ 外观破损等严重影响使用和美观。

⑤ 规格超过本标准规定100%以上。

⑥ 使用粘合衬部位脱胶、渗胶、起皱。

⑦ 表面部位毛、脱、漏，严重影响使用和美观。

⑧ 有严重污渍，污渍大于30cm^2；有烫黄等严重影响使用和美观。

⑨ 缺件、漏序、开线、断线、毛漏、破损。

⑩ 整烫严重不良、整烫变色、极光、水渍、污渍。

4）检验结果判定

① 抽样数量

抽样数量按产品批量：500件（含500件）以下抽验10件。

500件以上至1000件（含1000件）抽验20件。

1000件以上抽验30件。

理化性能抽样4件。

② 判定规则

单件（样本）判定：

优等品：	严重缺陷数=0	重缺陷数=0	轻缺陷数≤4
一等品：	严重缺陷数=0	重缺陷数=0	轻缺陷数≤6 或
	严重缺陷数=0	重缺陷数≤1	轻缺陷数≤3
合格品：	严重缺陷数=0	重缺陷数=0	轻缺陷数≤8 或
	严重缺陷数=0	重缺陷数≤1	轻缺陷数≤6

批量等级判定：

优等品批：外观检验样本中的优等品数≥90%，一等品和合格品数≤10%（不含不合格品），各项理化性能指标均达到优等品要求。

一等品批：外观检验样本中的一等品以上的产品数≥90%，合格品数≤10%（不含不合格品），各项理化性能指标均达到一等品要求。

合格品批：外观检验样本中的合格品以上的产品数≥90%，不合格品数≤10%（不含严重缺陷不合格品），各项理化性能指标均达到合格品要求。

当外观缝制质量等级判定和理化性能等级判定不一致时，执行低等级判定。

抽验中当各批量判定数符合标准规定时，判定为合格的等级品批出厂。

抽验中当各批量判定数不符合本标准规定时，应进行第二次抽验，抽验数量应增加一倍，如仍不符合本标准规定，应全部整修或降等。

四、常见质量问题及原因

1. 粘合衬起壳

产生原因：粘合衬与面料配合不当，粘合衬存在质量问题，压烫时压力温度不恰当，引起表面不平、起壳。

2. 收省不尖

产生原因：缝制时线迹走向有误，在省尖部形成一个小折裥。

3. 上袖过前、过后或两袖不一致

产生原因：装袖时，袖山吃势不匀或移位，左右两袖不一致。

4. 门襟不平服

产生原因：缝制时，面衬料受外力拉伸延长或整烫没有充分归拢。

5. 后袖山趋皱

产生原因：装袖时，袖子装得太前或吃势不匀。

6. 止口豁开

产生原因：前开门大，后背上节短，撇门过大，肩斜过大等。

7. 止口搅

产生原因：开门小，撇门不足，肩斜度不够，前身上节短，女装胸省不够大等。或领子小于领口，推门时胸部归势过多；止口牵条过紧，摆缝拉开，过面里子紧等。

8. 爬领

产生原因：领子与领口未配准，上领的弯度不足或下领弯度过大等。或者，缝合上下领时，上领领口松度不足，太紧。或者，缝合上下领时，上下领之间缝份宽窄不一致。

9. 裤子挺缝歪斜

产生原因：原料丝缕歪斜，裁剪时不注意面料丝缕的横平竖直；缝侧缝和下裆缝时，松紧不一致；熨烫时，侧缝和下裆缝没有对准。

10. 门里襟对准

产生原因：缝小裆时，左右裤片没有对齐；装裤腰时，缝份大小不一致；腰头宽窄不一。

11. 插袋不平服，垫袋布外露

产生原因：袋口牵条过紧，袋口贴边没有盖足袋布的沿边，形成袋口虚松。缝合裤子侧缝时前裤直袋口部位松于后裤片的侧缝部位。

12. 裤子豁脚

产生原因：前后裤片、侧缝、下裆缝的倾斜度不符，两片裤片的裤缝合不拢，四缝对不齐。后裤片下裆缝弯势部位归拔不足。缝合下裆缝时，中裆部位的前后裤片没有对准。

13. 夹里外露

产生原因：夹里与面料的裁剪尺寸有误，大小不配合，缝制时，没有做相应处理。

14. 透针

产生原因：贴边撬边时，针穿透面料过深，在正面形成针花。

15. 条格不对

产生原因：裁剪时没有考虑对条对格或样板移动。缝纫时位置不准或吃势不匀。

16. 领缺嘴大小、驳头面左右不一致

产生原因：裁剪时左右挂面宽窄不一，缝制时缝头宽窄不一致。整烫时驳折线左右位置不一致。

第二节 衬衫

在经典装束中，衬衫穿在外套里面，具有衬托外衣的搭配功能，一般款式、颜色变化较小的外套显示穿着者的职业形象，而衬衫显示内在魅力，某种程度上流露出个人的兴趣爱好，具有画龙点睛的作用。目前衬衫已突破传统的款式，向着多元化方向发展。面料上更注重舒适性等功能性，大多选用天然材料及一些新型的高性能材料；款式上适合人们在不同层次和不同场合穿着的需要，除了穿在西服、夹克、中山装等外衣里面的传统衬衫外，还有内外兼用的衬衫以及完全做外衣穿用的衬衫。

一、总体质量要求

衬衫的整体外观要求做到折叠端正、熨烫平服、外观整洁；面料无明显疵点，无色差；各部位线路顺直、牢固；规格尺寸准确；对条、对格、对花部位符合规定；商标标识准确、端正、牢固；包装完整。

二、检验操作程序

挂装衬衫检验时应把衬衫衣领位置向上平放于检验台上，叠装衬衫，则应首先检验衬衫的折叠外观，然后再按照检验程序进行检验。一般检验程序如下：折叠外观、领子、门襟、前身（先左后右）、袖子（先左后右）、后身、摆缝、底边、衬衫里面、规格测量。

三、检验内容

（一）外形检验

① 外形检验要求

领窝圆顺对称，领面平服；

领尖对称，长短一致；

商标、标记清晰端正；

成衣折叠端正平服；

各部位熨烫平挺；

各部位保持清洁、无脏污、无线头；

水洗后效果优良、有柔软感、无黄斑、水渍印等。

② 各部位熨烫平服。面料与粘合衬不脱胶、不渗胶、不引起面料皱缩。

③ 同件内色差不低于4级，件与件之间色差不低于3—4级，箱与箱之间色差不低于3级。

（二）对条对格检验

对条对格检验见表10-13。倒顺绒原料，全身顺向一致。特殊图案以主图为主，全身图案或顺向一致。

表10-13　衬衫的对条对格检验　　单位：cm

序号	部位名称	对条对格规定	极限互差	备　注
1	左右前身	条料对中心条，格料对格	0.3	如面料格子有大小时，应以前身1/3上部为准
2	袋与前身	条料对条，格料对格	0.2	格子大小不一致，以袋前部的中心为准
3	斜料双袋	左右袋对称	0.3	以明显条为准（阴阳条不考核）
4	左右领尖	条格对称	0.2	阴阳条格应以明显条格为准
5	袖　口	条格顺直，以直条对称	0.2	以明显条为主
6	长　袖	条格顺直，以袖山为准，两袖对称	1.0	3.0以下格料不对横，1.5以下条料不对条
7	短　袖	条格顺直，以袖口为准，两袖对称	0.5	2.0以下格料不对横，1.5以下条料不对条
8	后过肩	条格顺直，两头对称	0.4	—

（三）对称部位检验

对称部位检验见表10–14。

表10–14　衬衫的对称部位检验　　　单位：cm

序号	部位名称	对称部位	极限互差
1	领尖	左右领尖长短对比	0.3
2	长袖长	左右袖子袖山对齐对比	0.8
3	短袖长	左右袖子袖山对齐对比	0.5
4	双袋高低	以前肩点为准量至袋口	0.5
5	袖口	袖口平放对比	0.5
6	门里襟长短	门里襟对比（钮扣扣好）	平摆0.2，圆摆0.4
7	过肩	左右肩对比	0.3

（四）外观检验

1. 经纬纱向

前身顺翘（不允许倒翘），后身、袖子允斜程度如下：

什色面料：　优等品 ≤3%，　一等品≤4%，　合格品≤5%。

色织面料：　优等品 ≤2%，　一等品≤2.5%，　合格品≤3%。

印花面料：　优等品 ≤2%，　一等品≤2.5%，　合格品≤3%。

2. 拼接

全件产品不允许拼接，装饰性的拼接除外。

3. 色差

要求领面、过肩、口袋、明门襟、袖头面与大身色差高于4级，其他部位不低于4级。

4. 外观疵点

成品各部位疵点允许存在程度见表10–15。成品各部位划分请参考第九章图9–6。未列入本表的疵点，参照表格相似疵点执行。

表10-15 衬衣成品各部位疵点允许存在程度　　单位：cm

疵点名称	各部位允许存在疵点程度			
	0号部位	1号部位	2号部位	3号部位
粗于一倍粗纱2根	0	长3.0cm以内	不影响外观	长不限
粗于二倍粗纱3根	0	长1.5cm以内	长4.0cm以内	长6.0cm以内
粗于三倍粗纱4根	0	0	长2.5cm以内	长4.0cm以内
双经双纬	0	0	不影响外观	长不限
小跳花	0	2个	6个	不影响外观
经缩	0	0	长4cm，宽1.0cm以内	不明显
纬密不均	0	0	不明显	不影响外观
颗粒状粗纱	0	0	0	0
经缩波纹	0	0	0	0
断经断纬1根	0	0	0	0
搔损	0	0	0	轻微
浅油纱	0	长1.5cm以内	长2.5cm以内	长4.0cm以内
色档	0	0	轻微	不影响外观
轻微色斑（污渍）	0	0	（0.2×0.2）cm^2以内	不影响外观

（五）缝制质量检验

各部位线路顺直、整齐、牢固、平服，上下线松紧适宜，无跳线、断线，起落针处应有回针。0号部位不允许有跳针，其余部位30cm内不得有两处单跳针或连续跳针，链式线迹不允许有跳线。

锁眼、钉扣位置准确，大小适宜，整齐牢固。

商标、洗涤唛、尺码唛等位置端正，内容准确清晰。

绣花花位正确，针法整齐平服，不错绣、不漏绣，墨印不露出。

包缝牢固、平整、宽窄适宜。各部位套结定位准确、牢固。

领子平服，领面、里、衬松紧适宜，领尖不反翘。

绱袖圆顺，吃势均匀，两袖前后基本一致。

针距密度要求：明、暗线每3cm为12针以上，衍缝线每3cm 9针以上，包缝线（包括锁缝（链式缝））每3cm 12针以上，锁眼每1cm 12针以上，钉扣每眼不低于6根。特殊设计除外。

有填充物的衬衫，衍线顺直，厚薄均匀，上下左右对称，横向互差不大于0.4cm。

成品中不得含有金属针。

（六）规格检验

1. 衬衫的规格尺寸

按合同、订单或确认样来检验。

2. 衬衫的测量方法

如合同、订单有规定，按规定测量；如果没有规定，按下列方法测量，如图10-3所示。

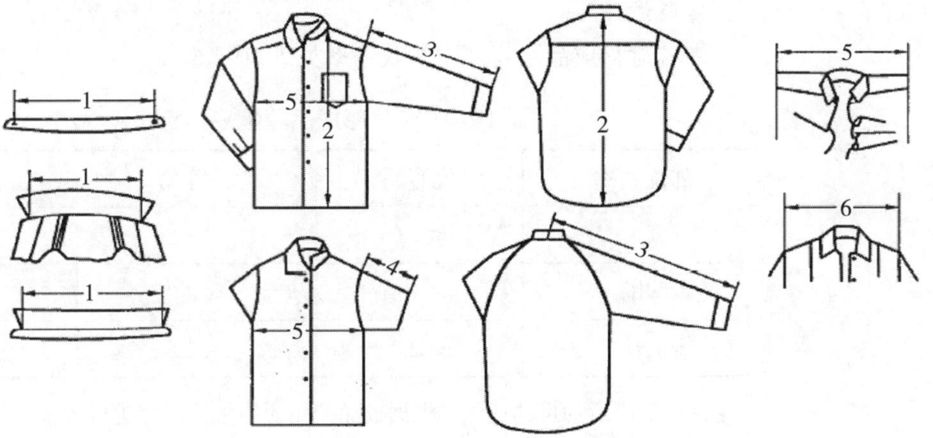

1——领大 2——衣长 3——长袖长 4——短袖长 5——胸围 6——肩宽

图10-3 衬衫的测量方法

1）领大

领子摊平，单立领测量扣中到眼中的距离，翻折立领量上领下口，其他领测量下口的尺寸。极限偏差为 ±0.6cm，出口衬衫为 ±0.5cm。

2）衣长

男衬衫前后身底边拉齐，由领侧最高点垂直量至底边；女衬衫由前肩缝最高点垂直量至底边；圆摆款式由后领窝中点垂直量至底边。极限偏差为 ±1.0cm，有填充物衬衫为 ±1.5cm。

3）长袖长

由袖子最高点垂直量至袖口边（绱袖），极限偏差为 ±0.8cm，有填充物衬衫的极限偏差为 ±1.2cm。如由后领中量至袖口边（连肩袖），极限偏差为 ±1.2 cm，有填充物衬衫的极限偏差为 ±1.6cm。

4）短袖长

由袖子最高点量至袖口边，极限偏差为 ±0.6cm。

5）胸围

扣好钮扣，前后身摊平（后折拉开），在袖底缝十字处横量一周，极限偏差为 ± 2.0 cm。有填充物衬衫的极限偏差为 ± 3.0 cm。

6）肩宽

男衬衫由过肩两端、后领窝向下2.0cm~2.5cm处为定点水平测量。女衬衫由肩袖缝交叉处，解开钮扣放平测量。极限偏差为 ± 0.8 cm。，有填充物衬衫的极限偏差为 ± 1.0 cm。

（七）理化性能检验

1. 收缩率

考核衬衫成品主要部位的收缩率见表10–16。

表10–16　衬衫成品收缩率指标　　单位：%

部位名称	优等品	一等品	合格品
领大	≤1.0	≤1.5	≤2.0
胸围	≤1.5	≤2.0	≤2.5
衣长	≤2.0	≤2.5	≤3.0

注：1. 洗涤后的尺寸变化率根据成品使用说明标注内容进行考核。
2. 丝绸类产品按GB/T18132的规定执行。

2. 洗涤后缝口起皱

考核衬衫成品的缝口起皱等级见表10–17。

表10–17　衬衫成品的缝口缩皱指标　　单位：级

部位名称	洗涤前后起皱等级	洗涤后起皱等级		
		优等品	一等品	合格品
领子	≥4.5	＞4.0	4.0	＞3.0
口袋	≥4.5	＞4.0	3.5	＞3.0
袖头	≥4.5	＞4.0	4.0	＞3.0
摆缝	≥4.0	＞3.5	3.5	＞3.0
底边	≥4.0	＞3.5	3.5	＞3.0

当原料为纯棉、纯毛、麻、麻棉混纺时，洗涤后在表10–17中的数值可以再降低0.5级，丝绸产品不考核洗涤后起皱指标。

3. 缝口纰裂程度

考核衬衫主要部位的缝口脱缝程度。

在批量中随机抽取3件成品进行测试，按要求选取一定部位的试样各两块，试样尺寸为5.0cm×20.0cm，试样要求与取样部位见表10-18，所取试样纱向均垂直于取样部位。

表10-18 衬衫脱缝程度测试的试样要求与取样部位

考核部位	取样部位规定	备 注
摆 缝	摆缝长的1/2处为试样中心	
袖窿缝	后袖窿弯袖底十字向后5.0cm处为试样中心	
袖 缝	袖长1/2向上4.0cm处为试样中心	短袖不考虑
过肩缝	过肩缝1/3处为试样中心	

按照GB/T 21294—2007《服装理化性能的检验方法》，测试设备为精度为±1N的等速拉力机。开启拉力机，拉力机达到一定负荷后，停止下夹钳的下降，在拉力机上垂直测量接缝脱开的最大距离，分别计算各部位试样的平均值。

成品衬衫主要部位缝口纰裂程度，优等品≤0.5cm，一等品、合格品≤0.6cm。实验结果出现滑脱或断裂判定为不合格。丝绸类产品的缝口纰裂程度按GB/T 18132规定执行。

4. 撕破强力

面料的撕破强力按GB/T 21295规定执行，衍缝产品不考核。

5. 色牢度

成品的色牢度允许程度见表10-19。

表10-19 衬衫成品的色牢度要求 单位：级

项 目		色牢度允许程度		
		优等品	一等品	合格品
耐干洗	变色	≥4—5	≥4	≥3—4
	沾色	≥4—5	≥4	≥3—4
耐 洗	变色	≥4	≥3—4	≥3
	沾色	≥4	≥3—4	≥3
耐干摩擦	沾色	≥4	≥3—4	≥3
耐湿摩擦	沾色	≥4	≥3—4	≥3

（续表）

项目		色牢度允许程度		
		优等品	一等品	合格品
耐光	变色	≥4	≥3—4	≥3
耐酸汗渍	变色	≥4	≥3	
	沾色			
耐碱汗渍	变色	≥4	≥3	
	沾色			
耐水	变色	≥4	≥3	
	沾色			

注：1.耐干洗色牢度只考核使用说明中注明可干洗的产品。耐洗色牢度只考核使用说明注明可水洗产品。

2.耐湿摩擦色牢度允许程度，深色产品的一等品和合格品可以比标准规定低半级。

3.丝绸类产品的色牢度允许程度按GB/T 18132规定执行。

6. 甲醛含量

考核成品衬衫释放的甲醛含量，按GB/T 2912.2 要求进行测定。衬衫属于直接接触皮肤类纺织品，其甲醛含量应低于75mg/kg。

7. pH值

成品的pH值为4.0~7.5。测试方法按GB/T 7573规定执行。

8. 异味

成品不允许有异味。测试方法按照GB/T 18401规定执行。

9. 可分解芳香胺染料

按照GB 18401规定执行。测试方法按照GB/T 17592规定执行。

10. 原料的成分和含量

按FZ/T 01053规定执行。测试方法按照FZ/T 01.57、GB/T 2910、GB/T 2911、FZ/T 01026、FZ/T 01095、FZ/T 30003规定执行。

（八）包装检验

按照FZ/T 80002—2008《服装标志、包装、运输和贮存》以及SN/T 0554—1996《出口服装包装检验办法》，进行包装检验。

（九）检验结果判定

1. 缺陷规定

1）GB/T 2660—2008中对成品衬衫缺陷的规定

见表10-20。

表10-20　成品衬衫缺陷规定

项目	序号	轻缺陷	重缺陷	严重缺陷
外观质量	1	商标不端正，明显歪斜，钉商标的线与商标底色不适宜	号型标志不准确；无商标	无厂名、厂址；无号型标志；无成分标志；无洗涤标志；无合格证
	2	领型左右不一致，折叠不端正，互差为0.6cm以上（两肩、门里襟对比）；领窝、门襟轻起兜不平挺；底领外露，胸袋、袖头不平服、不端正	领窝门襟严重起兜	—
	3	熨烫不平服；有亮光	轻微烫黄、烫变色	变质、残破
	4	表面有死线头长1.0cm，纱毛长1.5cm，两根以上；有轻度污渍，污渍≤$2.0cm^2$，水花≤$4.0cm^2$	有明显的污渍，污渍>$2.0cm^2$，水花>$4.0cm^2$	—
	5	领子不平服，领面松紧不适宜；豁口重叠	领尖反翘	—
	6	—	—	成品内含有金属针
	7	—	使用粘合衬部位渗胶	使用粘合衬部位脱胶、起泡
色差	8	低于本标准规定半级以内	低于本标准规定半级以上	—
疵点	9	2、3号部位超过本标准规定	0、1号部位超过本标准规定	—
辅料	10	线、滚条、衬等辅料的性能与面料不相适应；钉扣线与扣的色泽不相适宜；装饰物不平服、不牢固	—	钮扣、附件脱落；金属件锈蚀；装饰物残破、缺少
纬斜	11	超过本标准规定50%以内	超过本标准规定50%及以上	—
对条对格	12	超过本标准规定50%以内	超过本标准规定50%及以上	—
图案	13	—	—	面料倒顺毛，全身顺向不一致；特殊图案或顺向不一致
拼接	14	—	—	不符合本标准规定
规格	15	规格偏差超过本标准规定50%以内	规格偏差超过本标准规定50%及以上	规格偏差超过本标准规定100%及以上
缝制质量	16	缝制线路不顺直；止口宽窄不均匀，不平服；接线处明显双轨，长度>1.0cm；起落针处没有回针；毛、脱、漏≤1.0cm；30cm内有两个单跳线；上下线轻微松紧不适宜	毛、脱、漏>1.0cm，且≤2.0cm；连续跳针或30cm内有两个以上单跳针；上下线严重松紧不适宜	毛、脱、漏>2.0cm；链式线迹跳线

（续表）

项目	序号	轻 缺 陷	重 缺 陷	严重缺陷
缝制质量	17	表面衍线不顺直；横向衍线、对称衍线互差＞0.4cm	横向衍线、对称衍线互差＞0.8cm	—
	18	领子止口不顺直；反吐；领尖长短不一致，互差0.3~0.5cm；上领不平服；上领偏斜0.6~0.9cm	领尖长短互差＞0.5cm；上领偏斜≥1.0cm；0号部位有接线、跳线	领尖毛出
	19	压领线宽窄不一致，下炕；反面线距＞0.4cm或上炕	—	—
	20	盘头探出0.3cm；止口反吐、不整齐	—	—
	21	门、里襟不顺直；门里襟长短互差0.4~0.6cm	门里襟长短互差≥0.7cm	—
	22	针眼外露	针眼外露	—
	23	口袋歪斜；口袋不方正、不平服；缉线明显宽窄；双口袋高低＞0.4cm	左右口袋距扣眼中心互差＞0.6cm	—
	24	绣花：针迹不整齐；轻度漏印迹。	严重漏印迹；绣花不完整	—
	25	袖口：左右不对称；止口反吐；宽窄互差＞0.3cm，长短互差＞0.6cm	—	—
	26	褶：互差＞0.8cm，不均匀、不对称	—	—
	27	大小袖衩长短互差＞0.5cm；左右袖衩长短互差＞0.5cm；袖衩封口歪斜	—	—
	28	绱袖不圆顺；吃势不均匀；袖窿不平服	—	—
	29	两袖长短互差0.6~0.8cm	两袖长短互差≥0.9cm	—
	30	十字缝互差＞0.5cm	—	—
	31	肩、袖窿、袖缝、侧缝、合缝不均匀；倒向不一致；两小肩大小互差＞0.4cm	两小肩大小互差＞0.8cm	—
	32	省道：不顺直；尖部起兜；长短不一致，互差≥1.0cm	—	—
	33	底边：宽窄不一致；不顺直；轻度起翘	严重起翘	—
	34	锁眼：间距互差≥0.5cm；偏斜＞0.3cm；纱线绽出。	锁眼跳线、开线、毛漏	—
	35	钉扣：扣与眼互差≥0.4cm；钉扣不牢	—	—
	36	针距：低于本标准规定2针及以内	低于本标准规定2针以上	—

注：1. 以上各缺陷按序号逐项累计计算。
2. 未涉及到的缺陷根据缺陷划分规则，参照相似缺陷酌情判定。
3. 凡属丢工、少序、错序，均为重缺陷。缺件为严重缺陷。
4. 理化性能一项不合格，即为该检验批不合格。

2）SN/T 0556—1996中对成品衬衫缺陷的规定

SN/T 0556—1996中将成品衬衫缺陷分为A类缺陷和B类缺陷。

A类缺陷：

（1）0、1、2号部位面料疵点超过允许范围。

（2）规格偏差超出极限偏差。

（3）严重色差、烫黄、变色。

（4）对条对格部位超出极限互差。

（5）对称部位超出极限互差。

（6）倒顺花、倒顺毛不一致。

（7）领窝不圆顺、领面不平服，严重变形。

（8）明显污渍。

（9）折叠明显不端正。

（10）整烫严重不良。

（11）水洗过程中产生的黄斑、水渍印等。

（12）漏序、缺件、开线、断线、破洞、渗胶、脱胶。

（13）绣花严重不良、错绣、漏绣、墨印明显外露。

（14）扣眼未开、扣与眼不对位、残扣等。

（15）链式线迹跳针，0、1号部位明线跳针，其他部位连续跳针。

（16）明线线路明显不顺直、不等宽。

（17）针迹低于规定三针以上（含三针）。

B类缺陷：

（1）明线线路不顺直、不等宽。

（2）吃势不匀、缝制吃纵。

（3）钉扣不牢。

（4）2、3、4号部位接线双轨。

（5）2、3、4号部位明线20cm内单跳针2处。

（6）针迹低于规定3针以下。

（7）轻微整烫不良，折叠不端正。

（8）线头修剪不净。

（9）水洗过程中产生的轻微水渍。

未列出的缺陷参照类似缺陷掌握。

2. 抽样规定

外观质量检验抽样数量按产品批量：

500件及以下抽验10件。

500件以上至1000件（含1000件）抽验20件。

1000件以上抽验30件。

理化性能检验抽样根据项目需要，一般不少于4件。

3. 结果判定

单件（样本）判定：

优等品：严重缺陷数 = 0　重缺陷数 = 0　轻缺陷数 ≤ 3

一等品：严重缺陷数 = 0　重缺陷数 = 0　轻缺陷数 ≤ 5 或

严重缺陷数 = 0　重缺陷数 ≤ 1　轻缺陷数 ≤ 3

合格品：严重缺陷数 = 0　重缺陷数 = 0　轻缺陷数 ≤ 8 或

严重缺陷数 = 0　重缺陷数 ≤ 1　轻缺陷数 ≤ 4

批量等级判定：

优等品批：外观检验样本中的优等品数 ≥ 90%，一等品和合格品数 ≤ 10%（不含不合格品），各项理化性能指标均达到优等品要求。

一等品批：外观检验样本中的一等品以上的产品数 ≥ 90%，合格品数 ≤ 10%（不含不合格品），各项理化性能指标均达到一等品要求。

合格品批：外观检验样本中的合格品以上的产品数 ≥ 90%，不合格品数 ≤ 10%（不含严重缺陷不合格品），各项理化性能指标均达到合格品要求。

当外观缝制质量等级判定和理化性能等级判定不一致时，执行低等级判定。

抽验中当各批量判定数符合标准规定时，判定为合格的等级品批出厂。

抽验中当各批量判定数不符合本标准规定时，应进行第二次抽验，抽验数量应增加一倍，如仍不符合本标准规定，应全部整修或降等。

四、衬衫常见质量问题及原因

作为衬衫，其主要部位就是领子和门襟，这些部位也最易出现质量问题。

1. 领面起泡，领面不平服、脱胶

产生原因：粘合衬有质量问题或者粘合工艺不当，粘合不牢。

2. 领面渗胶

领面出现颗粒状的胶粒。

产生原因：由于粘合领面时温度过高或时间过长，使粘合衬的胶粒渗出领面。

3. 领面松、领面起皱

产生原因：缉止口时针太粗，或压脚的压力过大。覆领面时领面太大，里外匀掌握不准。

4. 领面紧、领面翻翘或领面起骨

产生原因：领面松度小或领面未经预缩，整烫后造成领面缩小绷紧起骨或出现向外翻翘。

5. 领角断尖

领尖不尖，呈钝角形、小圆角形或有折印。

产生原因：领尖缝头修剪过多，翻领尖时没有翻足或领尖插片不到位。

6. 上领偏斜

领子歪。

产生原因：上领子时吃势不均匀或移位。

7. 领头大小

领头宽窄或圆度不一致

产生原因：缉领头时未使用净样板或上领子时左右两边缝头不一致。

8. 底边倒翘

底边不平向上倒翘。

产生原因：缉门襟下部底边时，由于折边缝头过大形成底边不直向上倒翘。

9. 粘衬部位色差

领子、门襟、袖头色差。

产生原因：选用衬布的颜色与面料不一致或粘衬时温度、时间掌握不好造成粘衬部位面料变色。

10 门襟宽窄

明门襟上下宽窄不一致。

产生原因：门襟衬布裁剪有宽窄或扣门襟时上下尺寸掌握不一致。

第三节 文胸

文胸是女士专用的内衣，又称为胸衣、胸罩、乳罩等，具有保护乳房、掩饰和矫正胸部曲线、塑造美观胸部造型的重要作用。文胸按照罩杯形状，可分为1/2罩杯、3/4罩杯、5/8罩杯、全罩杯和三角杯；按照生产工艺，分为夹碗型、模杯型、单层胸衣；按照文胸罩杯的样板数量可分为一片式、两片式和三片式；按照功能又可分为运动型文胸、哺乳型文胸等等。随着我国经济的发展及人们生活水平的提高，人们越来越认识到内衣的重要性，内衣市场呈现出高档化、时装化、个性化、功能化的发展趋势。这里以夹碗型文胸为例，说明文胸的质量要求。

一、检验操作程序

检验文胸成品的一般顺序：

正面（将成衣平摊在桌面）：目视总体—鸡心—杯位（前领、侧夹、盘脚）—耳仔—侧翼—后背扣。

反面（将成衣摊在桌面）：杯位（包括P位，水袋，空气袋等）—钢圈位—侧翼及后背扣—打枣位。

侧面：将成衣两只棉杯钢圈位对好，拿起来看钢圈、侧翼、肩带、后耳仔位等。

二、检验内容

（一）外形检验

① 鸡心。检查鸡心的高低、宽窄是否符合要求；是否平服。

② 左右杯面。检查前幅边有无漏棉；杯面是否圆顺，松紧是否合适；有无变形。

③ 下巴。下巴形状是否平顺；是否对称。

④ 上下捆。上下捆是否协调平服，拉开有无断线；上下捆露牙是否均匀；胶骨是否突出。

⑤ 肩带。肩带上的打结是否歪斜，肩带有无长短不一。

⑥ 杯里。杯里布是否松紧合适；袋口边是否均匀、脱线、断线。

⑦ 捆碗。捆条成型是否正确，距边有无大小；钢圈有无穿错层，钢圈型号是否正确，虚位是否合适。

⑧ 勾圈。勾圈有无歪斜，止口距边有无大小不一、掉针。

⑨ 唛头。标志是否清晰，内容是否正确，有无针洞。

（二）规格检验

文胸规格尺寸的测量部位及方法如图10-4。规格尺寸的测量以文胸左或前侧为准。

1. 底围长

自然摊平后，沿文胸下口边测量（可调试量最小尺寸）。

2. 肩带长

量肩带的总长（可调试量的最长尺寸）。

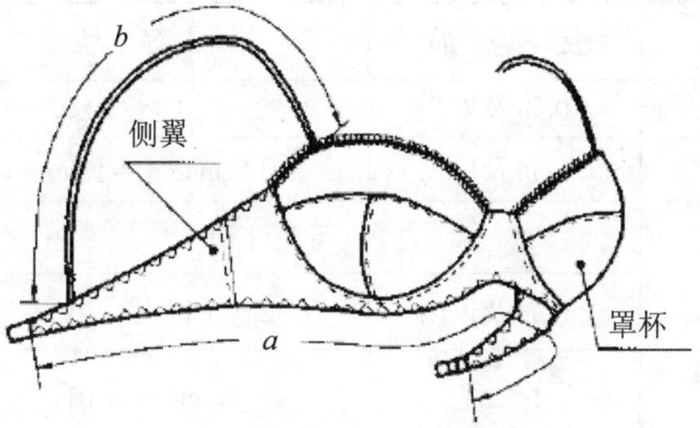

a——底围长　*b*——肩带长

图10-4　文胸规格的测量

文胸的规格尺寸公差见表10-21。

表10-21　文胸规格尺寸公差要求　　单位：cm

项　目	优　等　品	一　等　品	合　格　品
底围长	± 1.0	± 1.5	± 2.0
肩带长	± 1.0	± 1.5	

（三）对称部位检验

文胸前后、左右对称部位的差异见表10-22。基本尺寸以产品左或前侧为准。

表10-22　文胸对称部位尺寸差异要求　　单位：cm

基本尺寸	优等品	一等品	合格品
5.0以下	± 0.3	± 0.5	
5.0~20.0	± 0.5	± 0.8	
20.0以上	± 0.8	± 1.0	

（四）表面疵点检验

文胸表面疵点规定见表10-23。

表10-23　文胸表面疵点规定　　单位：cm

疵点类别		优　等　品	一　等　品	合　格　品
线状疵点	轻微	5.0cm及以内	5.0cm以上~10.0cm	允许
	明显	0.5cm及以内	0.5cm以上~1.5cm	1.5 cm以上~5.0 cm
	显著	不允许		1.0cm及以内
条块状疵点	轻微	2.0cm及以内	2.0cm以上~5.0cm	允许
	明显	不允许	1.0cm及以内	1.0 cm以上~3.0 cm
	显著	不允许		1.0cm及以内
散布性疵点		不影响外观者允许		轻微影响外观者允许
同面料色差/级		4~5	4	3~4
缝制疵点	线头	0.5cm以上不允许	0.5~1.0cm允许2处	0.5cm以上允许3处
	针距	2cm以内不低于9针		
	缝纫曲折高低	0.2cm	0.4cm	0.5cm
	跳针	不允许	不允许	不脱散者，一针分散两处
破损性疵点		不允许		
标识不全、不清、错误		不允许		

注：1. 线状疵点指一个针柱或一根纱线或宽度在0.1cm以内的疵点，超过者为条块状疵点。条块状疵点以直向最大长度加横向最大长度计量。

2. 轻微疵点——疵点在直观上不明显，通过仔细辨认才可看出。

明显疵点——不影响总体效果，但能感觉到疵点的存在。

显著疵点——疵点程度明显影响总体效果。

3. 表中线状疵点和条块状疵点的允许值是指同一产品上同类疵点的累计尺寸。

（五）内在质量检验

1. 试验方法

1）环境条件

实验室的温度为20℃ ±2℃，相对湿度为65% ±3%。实验前，试样要在实验室平放24h以上。

2）取样

试验样品应从成品上取样，成品尺寸不足时，可从该批产品的同批面料（含里料、衬）上取样。所取试样不应有影响试验结果的疵点。

染色牢度试验取面料和里料分别测试，当从成品上无法取够一次试验的整块试样且无同批面料时，耐洗色牢度、耐汗渍色牢度、耐水色牢度可取4cm×5cm试样。与同样大小的贴衬缝合在一起分别试验。

纤维含量试验对应FZ/T 01053规定，分别取样试验。

3）具体方法

耐洗色牢度试验按GB/T 3921.1进行。

耐汗渍色牢度试验按GB/T 3922进行。

耐水色牢度试验按GB/T 5713进行。

耐摩擦色牢度试验按GB/T 3920进行。

甲醛含量、ph值、异味、可分解芳香胺染料的试验按GB 18401进行。

纤维含量试验按GB/T 2910、GB/T2911、FZ/T 01026、FZ/T 01057、FZ/T 01095进行。

2. 文胸内在质量要求

见表10-24。

表10-24　文胸内在质量要求

<table>
<tr><th colspan="3">项　目</th><th>优等品</th><th>一等品</th><th>合格品</th></tr>
<tr><td colspan="3">甲醛含量</td><td colspan="3" rowspan="4">按GB 18401B类规定执行</td></tr>
<tr><td colspan="3">pH值</td></tr>
<tr><td colspan="3">异味</td></tr>
<tr><td colspan="3">可分解芳香胺染料</td></tr>
<tr><td rowspan="8">染色牢度/级（不低于）</td><td rowspan="2">耐水</td><td>变色</td><td>4</td><td>3—4</td><td>3</td></tr>
<tr><td>沾色</td><td>3—4</td><td colspan="2">3</td></tr>
<tr><td rowspan="2">耐洗</td><td>变色</td><td>4</td><td>3—4</td><td>3</td></tr>
<tr><td>沾色</td><td colspan="3">3</td></tr>
<tr><td rowspan="2">耐摩擦</td><td>干摩</td><td>4</td><td>3—4</td><td>3</td></tr>
<tr><td>湿摩</td><td>3</td><td colspan="2">3，深色（2—3）</td></tr>
<tr><td rowspan="2">耐汗渍</td><td>变色</td><td>4</td><td>3—4</td><td>3</td></tr>
<tr><td>沾色</td><td>3—4</td><td colspan="2">3</td></tr>
<tr><td colspan="3">纤维含量偏差（净干含量）/%</td><td colspan="3">按FZ/T 01053 规定</td></tr>
<tr><td colspan="6">注：色别分档：大于1/12标准深色为深色，小于等于1/12标准深色为浅色。</td></tr>
</table>

（六）包装检验

包装按FZ/T 80002规定或企业自定。

（七）检验结果判定

1. 抽样

外观质量按交货批分品种、色别、型号随机抽样1%～3%，但不少于20件。若交货批少于20件，则全数检验。

内在质量按交货批分品种、色别、型号随机抽样，数量应能保证每项内在质量试验做一次。

2. 出厂检验和型式检验

出厂检验需检验外观质量。

型式检验需检验外观质量和内在质量。一般在新产品、原料及工艺发生重大变化、年度检验时进行。

3. 结果判定

1）外观质量

在同一件产品上，当规格尺寸公差和对称部位尺寸差异出现不同品等部位、表面疵点出现不同品等疵点时，分别按最低品等部位和最低品等疵点评定。

外观质量按品种、色别、型号分别计算不符品等率。凡不符品等率在5.0%及以内者，判定该批产品合格。不符品等率在5.0%以上者，判定该批产品不合格。

2）内在质量

同一染色牢度的沾色取最低值。

内在质量各项指标分别按最低值判定。

3）复验

任何一方对检验结果（异味除外）有异议时，均可要求复验。在要求复验时，应保留要求复验批的全部。最终结果以复验结果为准。

四、常见质量问题及原因

1. 跳纱

纱线越过几个应该与其相连结的线圈纵行，浮于布面上。

产生原因：垫纱不正确。

2. 小辫子

纱线打捻扭结在织物上形成小辫子，又称作“纱线扭结”。

产生原因：纱的捻度太大或者纱线张力不均匀，过小。

3. 停车档

织物上横向形成排列疏密不匀的纹路。

产生原因：织机停车时，因为惯性纱线会往前输送一段距离，重新开机后没有正确复位。

4. 断纱

编织时出现纱线断裂的现象，又分为单纱、断面子纱、断里子纱、横断纱等几种疵点。

产生原因：纱线品质低劣，粗细不匀；纱管有问题或卷装成形不良；导纱部分有毛刺、破损；纱线张力过大或不匀；自停装置瓷眼表面磨损。

5. 破洞

织物内一个或更多的相邻线圈断裂形成的窟窿。

产生原因：纱线粗细节或者有飞花织入；喂纱张力过大；各路进纱长度不合要求；织物牵拉张力太大或不匀；机号与原料的线密度不符，密度太紧或太松；成圈机件质量不良或损坏及相对位置不当。

6. 漏针

在编织过程中，由于线圈脱落一针或数针，造成织物上呈现纵向或分散空档，但线圈尚未断裂。

产生原因：成圈机件位置不当；机针质量差或使用时间过长；喂纱张力太小或不匀；织物牵拉力太小。

7. 色渍、色斑

在染色过程中，由于生产、工艺不当造成织物上不应有的颜色。

产生原因：染料溶解不良；染深浓色后，未清洁好又染浅淡色；染料溶解时飞散；染色用水硬度高；染色前坯布水洗局部风干；染色后坯布水洗不清；后处理设备不洁净。

8. 色花

匹染织物局部或大面积的不规则的颜色差异。

产生原因：投染坯布量过大，浴比过小或过大，使坯布上浮打结；助剂选择不当或用量不当；染料选择或使用不当；染色前半制品质量不良；染色工艺未控制好；后处理不当。

9. 缝纫曲折高低

缝制时缝迹偏离规定的位置，使线迹呈现弯曲的形状。

产生原因：缝纫机布料输送机件有缺陷或安装配合不良；工人操作不当。

10. 重针双轨

在接头处，收针与起针缝迹不重合，错位超过0.1cm形成双轨。

产生原因：缝纫操作不当。

11. 漏缝

缝合处局部未被缝合，又称“脱拷”，“毛漏”。

产生原因：缝料上下两层未对齐，造成下层漏缝；缝制时，缝料切边量不匀。

12. 针洞

针织物的线圈纱线在缝制中被机针刺伤而断裂，在针迹周围出现小洞。

产生原因：线圈纱线硬、脆；缝线的细度大于机针针槽的深度和宽度；机针选择不当，针尖过于锋利，送布牙针板孔配用不当；缝料层数增加，易使内层产生针洞；缝制速度、缝线张力、压脚压力不适宜、机件安装松动等。

13. 沾污

包括油污渍、色渍、土渍、水黄渍、锈斑等。

产生原因：机器漏油，周围有油污；机台上放过沾有油污的工具或者未及时清理机台的油污；工号印及印台未放好，沾污成品；放置成品和半成品的容器不清洁；工人就餐或饮水区域未与生产区隔离等。

14. 钢圈压胸

穿着文胸时，钢圈心位顶胸。

产生原因：钢圈放入位置不正；钢圈型号选择不当。

15. 飞比、坠比

后拉片越过正常位置，往上纵起或者下坠。

产生原因：后拉片上围尺寸过短或过长；钢圈开口大小不合适。

16. 鸡心不平

鸡心不平服。

产生原因：鸡心样板尺寸不合适，左右不对称；左右罩杯不对称；鸡心左右缝头大小不一致。

17. 肩带滑落

肩带与肩部不符，易滑落。

产生原因：罩杯的上杯边太长；钢圈心位顶胸；下脚围太紧。

18. 猫须

文胸在近钢圈位起皱，形似猫须。

产生原因：纸样问题，杯底的弧度缩位太多；布纹运用不当；车缝时下杯缘受到牵拉。

第四节　丝绸服装

丝绸服装以其独有的光泽，高贵典雅的风格，滑爽的手感，轻薄、柔软、吸湿、透气的优良性能，深受人们喜爱。其品种众多，包括衬衫、裙、裤、茄克、西服、睡衣、运动装、羽绒服等。对丝绸面料的表面处理，可以增加丝绸服装的风格品类，在保持丝绸服装原有优良性能的基础上，弥补其不足。下面介绍丝绸服装的品质控制要求，并举砂洗丝绸服装为例。这里所指的丝绸服装是指以蚕丝机织物为主要原料的服装。

一、总体质量要求

丝绸服装手感滑爽，各部位缝线顺直、整齐牢固，整烫平服，无水渍和明显极光。砂洗丝绸服装表面起绒均匀，无砂道、皱印，手感丰满有弹性。

二、检验操作程序

按照先整体再局部、先表面再里面、自上而下的顺序进行检验。对照样衣和合同单检查款式造型，砂洗服装要检查面料的砂洗程度，表面砂道、皱印、织疵的程度是否符合要求。检查缝制部分，缝线是否顺直、松紧适宜，缝份大小、针迹密度是否符合要求，有否毛漏、开线、止口倒吐；锁眼是否平服、钉扣是否牢固；拱针滴针是否正确；整烫是否平服，有无极光、水渍、烫黄等。

一般，上衣按照前身全体、领、肩、袖及袖口、两袖对比、后身全体、内缝的顺序检查；下装裤子按照左右侧全身、腰部、左右外侧裤片、左右侧袋、后袋、左右里侧裤片、脚口、前后裆缝、门襟、缝份等的顺序检查；裙子按照前后片、腰、侧缝、侧开门、里子、裙摆、缝份的顺序检查。

三、检验内容

（一）外形检验

服装熨烫平服、整洁，无变色、水渍和明显极光及渗胶现象。

每件内的色泽要求一致，每盒内基本顺色，箱与箱2~3级。

折叠端正，大小一致，无脏污，无砂洗残留渍。

对于砂洗丝绸服装，还要专门进行砂洗缺陷检验，见表10-25。

表10-25　砂洗检验要求

序号	缺陷名称	各部位具体要求		
		1、2号部位	3号部位	4号部位
1	皱印	不允许	轻微皱印一处，长度≤20cm	轻微皱印一处，长度不限或轻微皱印两处，每处长度≤20cm
2	砂道	不允许	轻微皱印一处，长度≤15cm	轻微皱印一处，长度不限或轻微皱印两处，每处长度≤15cm

（续表）

序号	缺陷名称	各部位具体要求		
		1、2号部位	3号部位	4号部位
3	砂洗斑状	不允许	轻微砂洗斑状	轻微砂洗斑状
4	砂洗鸡爪印	不允许	轻微砂洗鸡爪印	轻微砂洗鸡爪印
5	披裂	不允许	轻微披裂两处，长度≤1cm	轻微披裂两处，长度≤1cm
6	其他	砂洗后成品不得有擦伤痕迹，门襟拉链平服，钮扣无松散，无开线、断线。全批产品砂洗效果一致，绸面不发亮，纤维有茸毛感、柔软有弹性。		

（二）对条对格检验

面料有1.0cm及以上明显条格的按表10-26要求。倒顺毛绒、阴阳条格原料全身顺向一致，长毛原料全身上下顺向一致，特殊设计除外。特殊图案以主图为主，全身顺向一致。

表10-26　丝绸服装的对条对格要求　　单位：cm

部位名称	对条、对格要求	备　注
左右前身	条料顺直、格料对横，互差不大于0.4	格条大小不一时，以衣长二分之一上部为主
袋与前身	条料对条，格 料对格，互差不大于0.4，斜料贴袋左右对称，互差不大于0.5（阴阳条格除外）	格条大小不一时，以袋前部为主
领尖驳头	条格对称，互差不大于0.2	有阴阳调格时，以明显条格为主
袖子	条料顺直、格料对横，以袖山为准，两袖对称互差不大于1.0	—
背缝、裙片拼接缝	条料对条，格料对横，互差不大于0.3	—
摆缝	格料对横，袖窿10.0以下互差不大于0.4	—
裤、侧缝	中裆线以下对横，互差不大于0.4	以明显条格为主
裤前中缝	条料顺直，允斜不大于1.0	—

注：特殊设计除外。

（三）外观检验

1. 经纬纱向

要求：领面、后身、袖子的允斜程度不大于3%，前身底边不倒翘。

裤、裙子的横向允斜程度不大于3%，裤、裙子的直向允斜程度不大于1.5%。色织格子面料的纬斜不大于3%。

2. 拼接

挂面在驳头下、最下扣眼以上允许一拼，但应避开扣眼位。领里可对称一拼（立领不允许）。裤、裙腰在后中缝处允许拼一处。其他部位不允许拼接。装饰性拼接除外。

3. 色差

表面各部位的色差不低于4级，覆衬布所造成的色差不低于3~4级。套装上下装的色差不低于4级。

4. 外观疵点

成品各部位的疵点允许存在程度按表10–27。成品各部位划分见图10–5。未列入表的疵点参照表中相似疵点执行。

表10–27　丝绸服装各部位疵点允许存在程度

类　别	程度	各部位允许存在程度		
		1号部位	2号部位	3号部位
线状疵	普通	不允许	2.0cm及以下	3.0cm及以下
	明显	不允许	不允许	2.0cm及以下
柳状疵	普通	不允许	允许	允许
	明显	不允许	不允许	允许
块状织疵	普通	不允许	0.5cm及以下	1.0cm及以下
	明显	不允许	不允许	0.5cm及以下
纬档	普通	不允许	允许	
	明显	不允许	不允许	
折皱印	普通	不允许	5cm及以下	10cm及以下
	明显	不允许	不允许	5cm及以下
油、锈、色斑疵	普通	不允许	0.2cm及以下	0.3cm及以下
	明显	不允许	不允许	不允许

注：1. 疵点程度按《丝绸服装外观疵点样照》规定，其中不可熨平的死皱印按明显皱印评定。

2. 各部位允许一处允许程度内的疵点。

3. 疵点尺寸按疵点形态的最大方向量计。

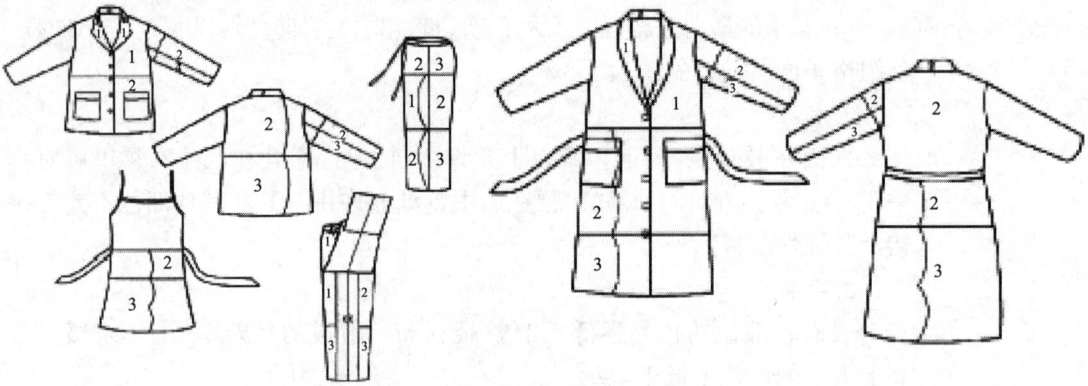

图10-5 丝绸服装成品部位划分

（四）缝制质量检验

① 各部位缝制平服，线路顺直、整齐、牢固，针迹均匀，上下线松紧适宜，起止针处及袋口应回针缉牢。主要表面部位缝制皱缩按《丝绸服装缝制起皱五级样照》规定，不低于4级。

② 商标和耐久性标签内容清晰、正确，位置端正、平服。

③ 领子平服，不反翘。领子部位不允许跳针。

④ 绱袖圆顺，前后基本一致。

⑤ 对称部位基本一致。

⑥ 外露缝份全部包缝，特殊设计除外，各缝份不小于0.8cm。

⑦ 口袋与袋盖方正、圆顺，前后高低一致，斜料左右对称。

⑧ 拉链缉线整齐、平服、顺直、左右高低一致。

⑨ 锁眼定位准确，大小适宜，眼位不偏斜，针迹美观、整齐、平服。扣与眼位合适，整齐牢固，扣脚高低适宜，结线不外露。

⑩ 绣花部位平服、不漏印迹、不漏绣。装饰物缝钉牢固。

⑪ 领子部位不允许跳针，其余各部位30cm内不得有两处单跳针或连续跳针，链式线迹不允许跳针。

⑫ 针距密度要求按表10-28，特殊设计除外。

表10-28 丝绸服装的针距密度要求

项　目	针距密度	备　注
明暗线	3cm ≥ 12针	—
包缝针	3cm ≥ 9针	—
手工针	3cm ≥ 7针	肩缝、袖窿、领子3cm ≥ 9针
三角针	3cm ≥ 5针	以单面计算

（续表）

项目		针距密度	备注
锁眼	细线	1cm≥12针	—
	粗线	1cm≥9针	—
钉扣	细线	每眼≥8根线	缠脚线高度与止口厚度相适应
	粗线	每眼≥6根线	

（四）规格检验

丝绸服装的规格测量方法、测量部位如图10-6。

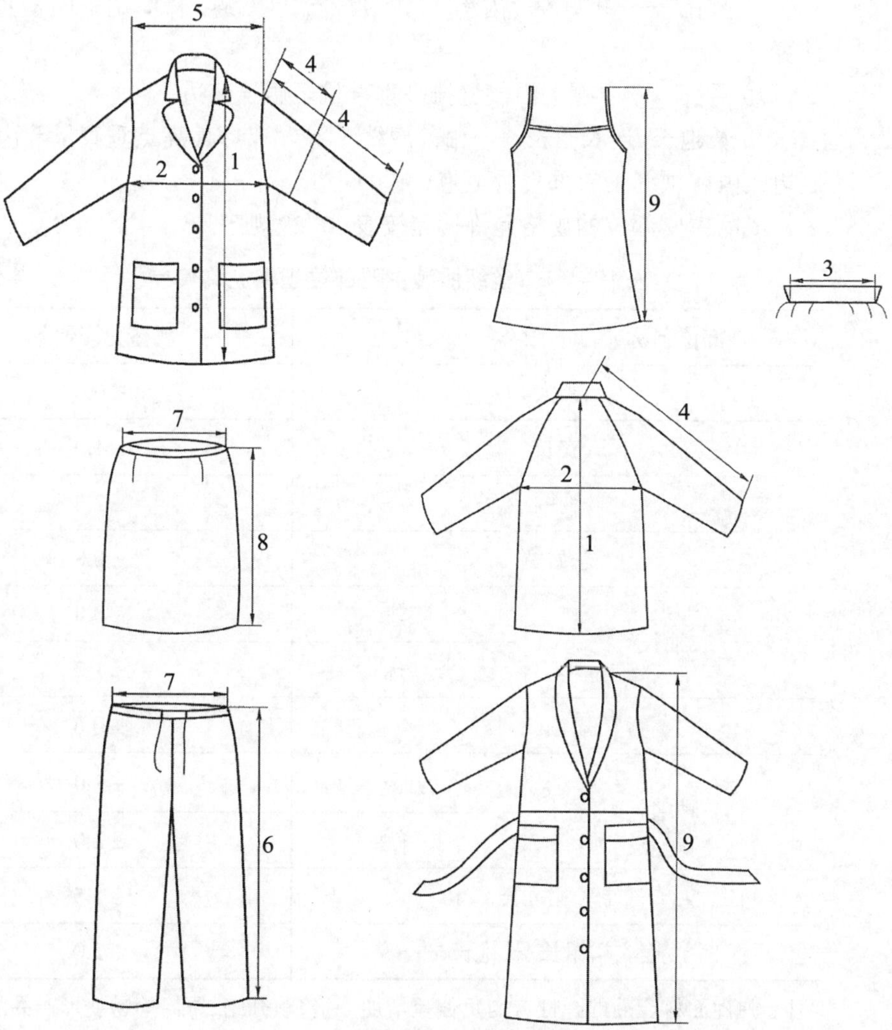

图10-6　丝绸服装的规格测量部位与方法

① 衣长——由前肩缝最高点垂直量至底边或由后领缝正中垂直量至底边。

② 胸围——扣好钮扣或合拢拉链或系好系带，前后身摊平，沿袖窿底缝横量，周围计算。

③ 领大——领子摊平横量，立领量止口，其他领量下口，特殊领口按工艺设计。

④ 袖长——装袖由袖子最高点量至袖口边中间，连肩袖由后领中沿肩袖缝交叉点量至袖口边中间。

⑤ 总肩宽——由肩袖缝的交叉点摊平横量，连肩袖不量。

⑥ 裤长——由腰上沿侧缝摊平垂直量至裤脚口。

⑦ 腰围——扣好裤、裙钩（扣）或拉上拉链，沿腰宽中间横量，周围计算。

⑧ 裙长——由腰上沿侧缝摊平垂直量至裙子底边。

⑨ 长袍长、连衣裙长——由前肩缝（或吊带）最高点垂直量至袍（裙）底边或由后领缝正中垂直量至袍（裙）底边。

成品主要部位的规格允许偏差按表10-29规定。

表10-29　丝绸服装主要部位规格允许偏差　　单位：cm

部位名称		规格允许偏差
领大		±0.6
衣长		±1.0
胸围		±2.0
总肩宽		±0.8
长袖长	装袖	±0.8
	连肩袖	±1.2
短袖长		±0.6
腰围	装腰	±1.0
	松紧腰	±2.0
裤（裙）长		±1.5
连衣裙裙长、长袍长		±2.0

注：弹性面料产品的弹性方向负偏差增加一倍，顺纡绉、压绉等易变形产品的偏差增加一倍。

（五）物理、化学性能检验

1. 尺寸收缩率及表面外观

丝绸服装成品经水洗干燥后的尺寸收缩率按表10-30规定。

表10-30　丝绸服装水洗尺寸变化率要求　　单位：%

部位	优等品	一等品	合格品	备　注
领大	≥-1.0	≥-1.0	≥-1.5	只考核立领
胸围	≥-1.5	≥-1.5	≥-2.0	—
衣长	≥-1.0	≥-2.0	≥-2.5	—
腰围	≥-1.0	≥-1.5	≥-2.0	—
裤长、裙长	≥-1.5	≥-2.0	≥-3.0	—

注：1. 成品洗涤说明标注不可干洗产品不考核。
　　2. 顺纡绉、压绉等易变形产品不考核。

丝绸服装成品经干洗干燥后的尺寸收缩率按表10-31规定。

表10-31　丝绸服装干洗尺寸变化率要求　　单位：%

部位	优等品	一等品	合格品	备　注
领大	≥-1.0	≥-1.0	≥-1.5	只考核立领
胸围	≥-1.5	≥-2.0	≥-2.5	—
衣长	≥-1.5	≥-2.5	≥-3.5	—
腰围	≥-1.0	≥-1.5	≥-2.0	—
裤长、裙长	≥-1.5	≥-2.5	≥-3.5	—

注：1. 成品洗涤说明标注不可水洗产品不考核。
　　2. 顺纡绉、压绉等易变形产品不考核。

成品经洗涤后不可出现破损、明显扭曲变形等外观变化，粘合、复合、喷涂、印花及绣花部位面料不允许出现脱胶、起泡、脱落，钮扣、饰品等附件不允许出现破损和脱落。镶拼产品互相沾色造成的成品表面色差不低于4级。

2. 色牢度

面料的色牢度要求如表10-32。

表10-32　丝绸面料的色牢度要求　　单位：级

项目		色牢度允许程度			备　注
		优等品	一等品	合格品	
耐干洗	变色	≥4—5	≥4	≥3—4	使用说明上标注不可干洗的产品不考核
	沾色	≥4	≥3—4	≥3	
耐洗	变色	≥4	≥3—4	≥3—4	使用说明上标注不可水洗的产品不考核
	沾色	≥3—4	≥3	≥2—3	
耐干摩擦	沾色	≥4	≥3—4	≥3	婴幼儿用品≥4
耐湿摩擦	沾色	≥4	≥3—4	≥3	深色产品可降低半级
耐光	变色	≥4	≥3—4	≥3	浅色产品可降低半级
耐酸汗渍	变色	≥4	≥3		婴幼儿用品≥3—4
	沾色				
耐碱汗渍	变色	≥4	≥3		婴幼儿用品≥3—4
	沾色				
耐水	变色	≥4	≥3		婴幼儿用品≥3—4
	沾色				
耐唾液	变色	≥4			只考核婴幼儿用品
	沾色				

注：按GB/T 4841.3标准规定，颜色大于1/12染料染色标准深度色卡为深色，颜色不大于1/12染料染色标准深度为浅色。

里料的色牢度要求见表10-33。

表10-33　丝绸服装里料的色牢度允许程度　　单位：级

项　目		色牢度允许程度	备　注
耐干洗	沾色	≥3	使用说明上标注不可干洗的产品不考核
耐洗	沾色	≥2—3	使用说明上标注不可水洗的产品不考核
耐摩擦	沾色	≥3	婴幼儿用品≥4
耐水		≥3	婴幼儿用品≥3—4
耐汗渍		≥3	婴幼儿用品≥3—4
耐唾液		≥4	只考核婴幼儿用品

装饰物、绣花等附件耐洗色牢度和耐干洗色牢度沾色不小于3—4级。

3. 纰裂

成品主要部位的缝子纰裂程度不大于0.6cm，如出现滑脱则为不合格。轻薄类和烂花类产品可不考核，但在产品说明中应有相关注意事项及警示用语。

4. 裤后裆缝接缝强力

要求面料的接缝强力不小于140N/（5.0cm×10.0cm），里料不小于80 N/（5.0cm×10.0cm），面里料合拼缝制的样品取组合试样，按面料要求考核。臀围处宽松的裙裤不考核。

5. 撕破强力

面里料的撕破强力不小于7N，轻薄类、烂花类和绗缝产品不考核。

6. 甲醛含量

成品甲醛含量，婴幼儿用品≤20mg/kg，直接接触皮肤类产品（B类）≤75mg/kg，非直接接触皮肤产品（C类）≤300 mg/kg。

7. pH值

成品pH值，婴幼儿用品为4.0~7.5，直接接触皮肤类产品（B类）4.0~7.5，非直接接触皮肤产品（C类）4.0~9.0。

8. 异味

成品不允许有异味。

9. 可分解芳香胺染料

可分解芳香胺染料按GB 18401规定执行。

（六）包装检验

包装按FZ/T 80002规定或企业自定，出口服装按照SN/T 0554《出口服装包装检验规程》进行检验。

（七）检验结果判定

1. 缺陷规定

1）GB/T 18132-2008对丝绸服装缺陷的规定见表10-34。

表10-34　丝绸服装的缺陷

项目	序号	轻 缺 陷	重 缺 陷	严 重 缺 陷
外观质量	1	商标不端正，明显歪斜，钉商标的线与商标底色不适宜	使用说明内容不准确	使用说明内容缺项
	2	—	使用粘合衬部位渗胶	使用粘合衬部位脱胶、起泡
	3	熨烫不平服，有亮光	轻微烫黄、烫变色	变质、残破
	4	表面有长1.5cm以上死线头三根及以上，表面有污渍	有明显的污渍，污渍＞2.0cm^2，或里料污渍＞4.0cm^2，水花4.0cm^2	面料有严重污渍，污渍＞3.0cm^2
色差	5	低于标准规定半级以内	低于标准规定半级以上	—
疵点	6	3号部位超过标准规定	2号部位超过标准规定	1号部位超过标准规定
辅料	7	线、衬等辅料的色泽与面料不相适应，钉扣线与扣的色泽不相适宜，装饰物不平服、不牢固	缝纫线、滚条、镶边等辅料的性能与面料不相适宜，附件有毛刺	钮扣、附件脱落，金属件锈蚀，装饰物残破、缺少
经纬斜	8	超过标准规定50%以内	超过标准规定50%及以上，前身底边倒翘	—
对条对格	9	超过标准规定50%以内	超过标准规定50%及以上	—
图案	10	—	—	面料倒顺毛，全身顺向不一致；特殊图案顺向不一致
拼接	11	—	—	不符合标准规定
规格	12	规格偏差超过标准规定50%以内	规格偏差超过标准规定50%及以上	规格偏差超过标准规定100%及以上
缝制质量	13	缝制不平服、松紧不适宜，皱缩低于样照4级且达到样照3级，包缝后缝份＜0.8cm；毛、脱、漏＜1.0cm	皱缩低于样照3级一处，有明折痕；毛、脱、漏≥1.0cm，表面部位布边针眼外露	皱缩低于样照3级二处及以上，毛、脱、漏＞2.0cm
	14	30cm内有两个单跳针	领子部位有跳针，连续跳针或30cm内有两个以上单跳针，四、五线包缝有跳针，锁眼缺线或断线	链式线迹跳针
	15	缉明线、滚条宽窄不一致，接线双轨＞1.0cm	起止针处没有回针	—
	16	领子不平服，领面、里松紧不适宜，领尖长短、驳口宽窄互差大于0.3cm	领子面、里松紧明显不适宜	—

（续表）

项目	序号	轻缺陷	重缺陷	严重缺陷
缝制质量	17	领窝不平服、起皱，绱领子以肩缝对比偏差＞0.6cm	领窝明显不平服、起皱，绱领子以肩缝对比偏差＞1.0cm	—
	18	绱袖不圆顺、袖缝不顺直，两袖长短互差＞0.8cm（包括袖底十字缝），两袖口大小互差＞0.4cm（双层）	两袖长短互差＞1.5cm，两袖口大小互差＞0.6cm	—
	19	前身止口、裤子门襟长于里襟0.3cm及以上，里襟长于门襟，门里襟止口反吐，门襟不顺直	上衣里襟长于门襟0.8cm以上	—
	20	肩缝不顺直、不平服，两肩宽窄不一致，互差＞0.5cm	两肩互差＞0.8cm	—
	21	口袋、袋盖不方正，不圆顺，袋盖及贴袋大小不适宜，开袋嵌线宽窄互差＞0.3cm，袋位前后互差＞0.7cm，两口袋高低互差＞0.5cm	袋口封角不严，袋口严重毛出，袋口不平服	—
	22	装拉链不顺直，露牙不一致	—	—
	23	两裤腿长短互差＜0.5cm，两裤口大小互差＞0.3cm（双层）	裤脚明显歪斜	—
	24	腰头明显不平服、不顺直，宽窄互差＞0.3cm，止口反吐，橡筋松紧不匀	—	—
	25	省道不平服、不顺直，省道长短互差＞0.5cm，开衩不平服、不顺直，长短＞0.8cm	—	—
	26	底边宽窄不一致，底边不顺直或不圆顺	—	—
	27	绗缝线迹不平服、不顺直，厚薄不均匀	绗缝起皱	—
	28	锁眼、钉扣、各个封结不牢固，眼位距离不均匀，互差＞0.4cm，偏斜＞0.3cm，扣与眼或四合扣上、下扣互差＞0.3cm，纱线绽出	眼位距离不均匀，互差＞0.6cm，扣与眼或四合扣上、下扣互差＞0.6cm	—
	29	绣花针迹不整齐，轻度漏印迹	严重漏印迹，绣花不完整	—
	30	针距低于本标准规定2针及以内	低于本标准规定2针以上	—

2）出口砂洗丝绸服装的缺陷规定

A类缺陷：

（1）主要部位有较明显疵点，次要部位有明显砂道、死绉印、鸡爪印等砂洗痕迹。

（2）主要部位面料纰裂，次要部位有明显纰裂。

（3）粘合衬脱胶起泡。

（4）规格及对称部位互差超出极限偏差。

（5）门襟不平服、拉链起拱或吃纵太多。

（6）里子余量明显过少。

（7）部件间明显色差。

（8）缝线严重起皱。

（9）破洞、断线、毛脱。

B类缺陷：

（1）次要部位有较明显的砂道、死绉印、鸡爪印等砂洗痕迹。

（2）次要部位面料轻微纰裂。

（3）缝线处起皱。

（4）里子与面料松紧不宜。

（5）部件间有较明显色差。

2. 抽样规定

外观质量检验抽样数量按产品批量：

500件（套）及以下抽验10件。

500件（套）以上至1000件（套）（含1000件）抽验20件（套）。

1000件（套）以上抽验30件（套）。

理化性能检验抽样根据项目需要，一般不少于4件（套）。

3. 结果判定

单件（样本）判定：

优等品：严重缺陷数＝0　重缺陷数＝0　轻缺陷数≤4

一等品：严重缺陷数＝0　重缺陷数＝0　轻缺陷数≤7或

严重缺陷数＝0　重缺陷数≤1　轻缺陷数≤3

合格品：严重缺陷数＝0　重缺陷数＝0　轻缺陷数≤8或

严重缺陷数＝0　重缺陷数≤1　轻缺陷数≤6

批量等级判定：

优等品批：外观检验样本中的优等品数≥90%，一等品和合格品数≤10%（不含不合格品），各项理化性能指标均达到优等品要求。

一等品批：外观检验样本中的一等品以上的产品数≥90%，合格品数≤

10%（不含不合格品），各项理化性能指标均达到一等品要求。

合格品批：外观检验样本中的合格品以上的产品数≥90%，不合格品数≤10%（不含严重缺陷不合格品），各项理化性能指标均达到合格品要求。

当外观缝制质量等级判定和理化性能等级判定不一致时，执行低等级判定。

抽验中当各批量判定数不符合本标准规定时，应进行第二次抽验，抽验数量应增加一倍，如仍不符合本标准规定，应全部整修或降等。

砂洗服装检验结果按SN/T 0553《出口服装抽样检验方法》和SN/T 0252《进出口砂洗真丝服装检验规程》进行判定。

四、常见质量问题及原因

1. 面料纰裂

绸面局部经、纬组织点移位，呈稀缝或裂开。

原因：（1）对于轻薄丝绸织物，特别是砂洗织物，缝纫时拉伸手势过重，极易产生纰裂。一般上衣的圆摆、袖窿部位易产生纰裂。

（2）砂洗整理时间过长，温度过高，pH值过高。

2. 破洞

面料经纬线断裂出现破洞。

原因：经纬纱某处有弱结，强度不够；砂洗整理前成衣拉链头未用布包好或砂洗时包布脱落；砂洗容器内壁有糙物，使绸面与硬物摩擦而产生破洞。

3. 毛脱

脱缝、毛边外露。

原因：缝子过小，成衣染整时或使用时受力脱缝，里子与面料或里子与里子之间产生脱缝。

4. 粘合衬脱胶起泡

成衣有粘合衬处表面不平，有起泡现象。

原因：粘合衬工艺参数不合适，使得粘合强度不够；粘合衬选择不适当；粘合衬本身有问题，如老化等；不恰当的熨烫、洗涤；砂洗整理时温度过高，时间过长。

5. 规格不符

成衣规格偏差超过标准允差范围。

原因：面料没有充分预缩；计算面料缩率有误，使得设计衣片尺寸有偏差；服装熨烫时因熨斗的蒸汽和压力掌握不好，使面料伸长不一；面料匹与匹之间缩率不同，造成成衣件与件之间规格不等。

6. 缝迹不平服

缝口处面料或辅料拱起或起皱，缝迹起皱。

原因：面辅料缩率不同，缝制时吃纵过多或过少。

7. 里子与面料松紧不符

里子过长外露。

原因：对面料缩率测算不准，里子余量过大。

8. 死皱印

砂洗成衣表面呈现凹凸不平、深浅不一的皱印。

原因：绸缎在生坯时已产生折痕及皱印，染色时折痕凹进处积留染液颜色偏深，经砂洗凸处起茸发白。

9. 砂道

砂洗成衣表面呈现一道道白色的痕迹。

原因：砂洗时浴比过小，一次洗量过多，服装或面料打结，使其某一部位特别是折皱处砂洗过度。

10. 鸡爪印

砂洗成衣表面呈现鸡爪样的皱印。

原因：砂洗后脱水过干，烘干温度过高；砂洗时服装或面料洗得过多。

第五节　羽绒服装

羽绒服装以其保暖性强、轻便舒适、时尚美观赢得人们的喜爱，成为冬季防寒服装的首选，主要有羽绒大衣、羽绒外套、羽绒背心、羽绒裤等品种。目前羽绒服装款式不断推陈出新，呈现出休闲化、时装化、个性化和运动化的发展趋势。

一、总体质量要求

羽绒服装所使用面料、里料、填充料等符合有关规定，蓬松度、含绒量、清洁度符合要求，标识齐全，各部位缝线顺直、整齐牢固，无漏绒现象，表面纵向绗缝线左右对称，横向绗缝线前后对齐。整烫平服，无水渍和明显极光，无异味。

二、检验操作程序

一般来说，上衣按照前身全体、领、肩、袖及袖口、两袖对比、后身全体、内缝的顺序检查；下装裤子按照左右侧全身、腰部、左右外侧裤片、左右侧袋、后袋、左右里侧裤片、脚口、前后裆缝、门襟、缝份等的顺序检查；裙子按照前后片、腰、侧缝、侧开门、里子、裙摆、缝份的顺序检查。

三、检验内容

（一）外型、色差检验

各部位外观平服、整洁，无烫黄、水渍、亮光；覆粘合衬部位不允许有脱胶、渗胶及起皱。

袖缝、摆缝的色差不低于3—4级，其他表面部位不低于4级，由多层面料或覆粘合衬所造成的色差不低于3—4级。套装中上装与裤子的色差不低于3—4级。

（二）原辅料检验

1）面料：按有关纺织品标准选用。

2）里料：应与面料性能、色泽相配伍，不允许使用不透气的薄膜，与羽绒直接接触的织物必须有防钻绒性能。

3）衬料：应与面料相配伍，其收缩率与面料相适宜。

4）缝线：应与面辅料相配伍，钉扣线应与扣子色泽相适宜，钉商标线应与商标底色相适宜（装饰线除外）。

5）钮扣及附件：应与面料相适合，经洗涤和熨烫后不变形、不变色。

6）填充物：成品的含绒量不低于50%，其偏差比FZ/T 81002规定的指标增加一个百分点。成品的充绒量是在GB 6529规定的标准大气（65% ± 2%，20℃ ± 2℃）条件下，对羽绒服装的填充物进行称重，允许偏差为-5%。羽绒品质中的含绒量、蓬松度、耗氧量、清洁度、异味及微生物的指标按FZ/T 81002的规定执行。取整件成品的填充物为试样进行试验。

（三）面料外观疵点

纯棉、涤棉面料的服装成品各部位疵点允许存在程度按表10-35规定。羽绒服装成品各部位划分见图10-7。尼丝纺面料服装成品各部位疵点允许存在程度按表10-36规定。

表10-35　纯棉、涤棉面料服装成品各部位疵点允许存在程度

疵点名称	各部位疵点允许存在程度		
	1号部位	2号部位	3号部位
粗于二倍粗纱3根	不允许	1~2cm	2.1~4cm
粗于三倍粗纱4根	不允许	不允许	1~1.5cm
经缩	不允许	不明显	长2cm，宽0.5cm
颗粒状粗纱	不允许	不允许	不允许
色档	不允许	不影响外观	不宽于0.2cm
污渍	不允许	不影响外观	不大于$0.2cm^2$

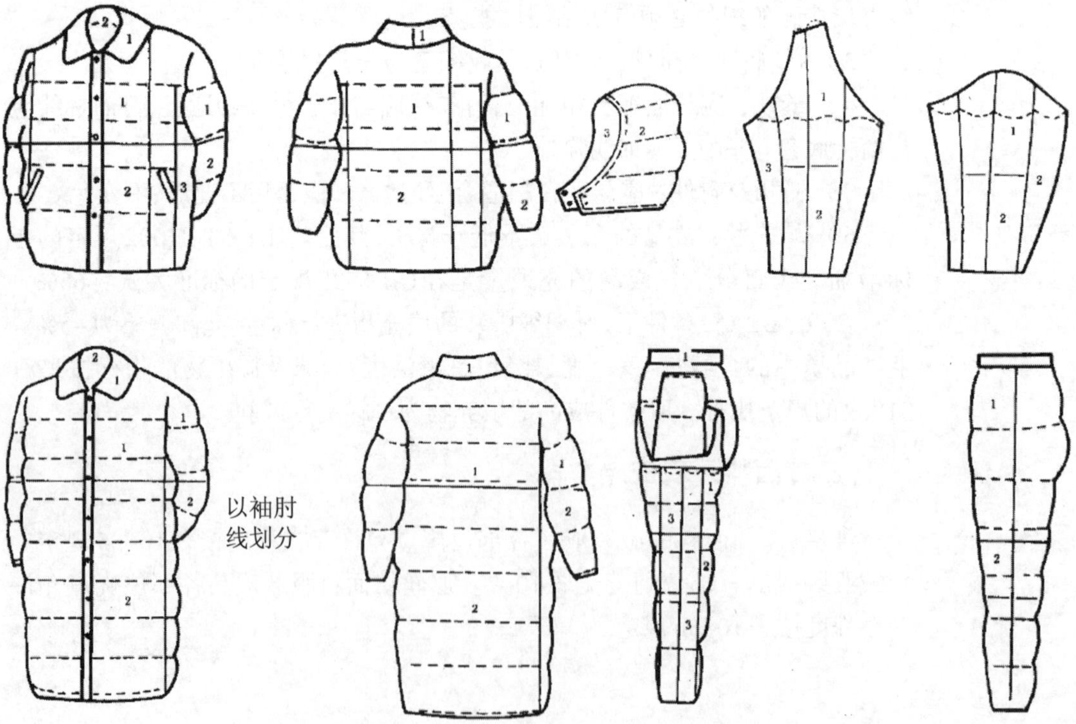

图10-7　羽绒服装成品的部位划分

表10-36 尼丝纺面料的服装成品各部位疵点允许存在程度

疵点名称	尼丝纺原料各部位疵点允许存在程度		
	1号部位	2号部位	3号部位
缺经（纬）	不允许	不允许	不允许
纬档	不允许	不影响外观	不宽于0.2cm
污渍	不允许	不影响外观	不大于$0.2cm^2$

成品各独立部位只允许疵点一处，未列入本标准的疵点按其形态，参照表格的相似疵点执行。成品各部位疵点与男女羽绒服装外观疵点样照或男女单、棉服装及男女儿童单服装外观疵点样照对比。

（四）对条对格检验

面料明显条、格在1.0cm及以上的按表10-37规定。

表10-37 羽绒服装的对条对格规定

部位	对条对格规定	备　　注
前身	条料顺直，格料对横，互差不大于0.3cm	格子大小不一致，以前身三分之一上部为准
袋、袋盖与大身	条料对条，格料对横，互差不大于0.3cm	格子大小不一致，以袋的中心前部为准
领角	条格左右对称，互差不大于0.3cm	阴阳条格以明显条格为主
袖子	两袖左右顺直，条格对称，以袖山为准，互差不大于1.0cm	—
裤侧缝	侧缝袋口下10cm处格料对横，互差不大于0.5cm	—
前后裆缝	条格对称，格料对横，互差不大于0.5cm	—

倒顺毛、阴阳格原料，全身顺向一致（长毛原料，全身上下顺向一致）。

特殊图案面料以主图为准，全身顺向一致。

（五）经纬纱向检验

具体要求如下：

① 前身经纱以门襟线为准，不允许倾斜。

② 后身经纱以背中线为准，倾斜不大于1.0cm，大衣倾斜不大于1.5cm，条格料不允许倾斜。

③ 袖子经纱以前袖中线为准，大袖片倾斜不大于1.0cm；小袖片倾斜不大于1.5cm（特殊工艺除外）。

④ 前身顺翘（不允许倒翘），后身、袖子、前后裤片允许程度按表10-38规定。

表10-38　羽绒服装经纬纱向倾斜允许程度　　单位：（%）

面　　料	等　　级		
	优等品	一等品	合格品
什色	≤3	≤4	≤5
色织或印花、条格料	≤2	≤2.5	≤3

纬斜率按式（10-1）计算：

纬斜率（%）= 纬纱（条格）倾斜与水平最大距离 / 衣片宽 ×100%　　（10-1）

（六）缝制质量检验

具体要求：

① 各部位缝制线路顺直、整齐、平服、牢固。主要表面部位缝制皱缩按《羽绒服装外观疵点及缝制起皱五级样照》规定，不低于3级。

② 上下线松紧适宜，无断线。起落针处应有回针。

③ 领子平服，领面松紧适宜。

④ 绱袖圆顺，两袖前后基本一致。

⑤ 商标、号型标志、成分标志、洗涤标志的位置端正、清晰准确。

⑥ 各部位缝纫线迹30cm内不得有两处单跳和连续跳针，链式线迹不允许有跳针。

⑦ 表面横向绗线如表10-39要求，纵向绗线左右对称。

表10-39　羽绒服装的表面横向绗线规定

部位名称	表面绗线对格规定
搭门	左右前身绗线，互差不大于0.4cm
无搭门	左右前身绗线，互差不大于0.3cm
袖底缝	绗线对齐，互差不大于0.6cm
摆缝	绗线前后对齐，互差不大于0.6cm
裤下裆缝	绗线前后对齐，互差不大于0.8cm

⑧ 针迹密度按表10-40规定。

表10-40　羽绒服装的针迹密度规定

项　目	针距密度	备　注
明暗线	12~16针/3cm	特殊情况除外
绗线	9~12针/3cm	—
锁眼	不少于14针/1cm	细线
钉扣	每眼不少于8根线	细线
包缝	9~12针/3cm	—

（七）规格检验

成品主要部位的测量方法见表10-41和图10-8。

表10-41　成品主要部位的测量方法

序号	部位名称	测　量　方　法
1	衣长	由前身肩缝最高点捋平量至底边或由后领中垂直量至底边
2	胸围	扣上钮扣（合上拉链）前后身摊平，沿袖底缝下2cm水平横量（围度计算）
3	领大	领下口捋平横量
4	袖长	由袖子最高点捋平量至袖口边中间，连肩袖由后领中沿肩袖缝交叉点量至袖口边中间
5	总肩宽	由肩袖缝的交叉点摊平横量
6	裤长	由腰上口沿侧缝捋平量至裤脚口
7	腰围	扣好裤扣，沿腰口中间捋平横量（计算围度）

注：特殊情况的按企业规定。

成品主要部位规格，按GB / T 1335的有关规定自行设计。各部位的极限偏差按表10-42规定。

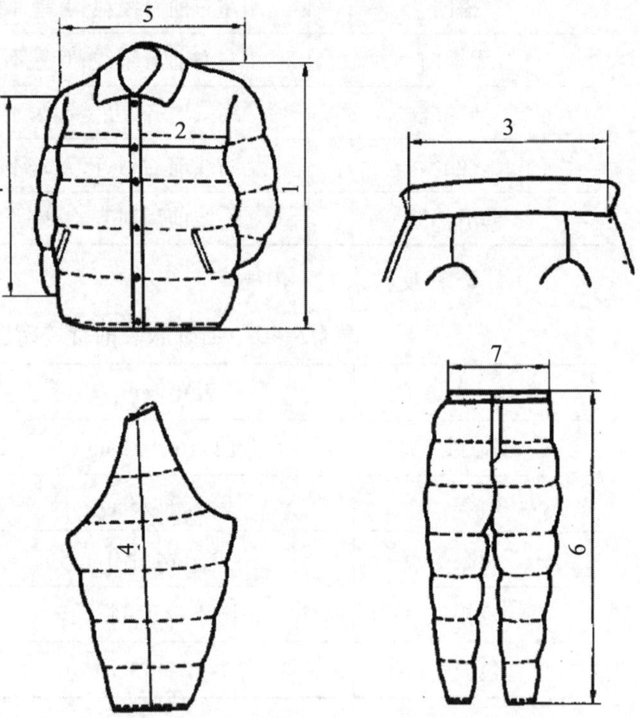

图10-8　羽绒服装主要部位的测量方法

表10-42　羽绒成品主要部位规格的极限偏差　　　　单位：cm

序号	部位名称		极限偏差					
			上衣、短大衣	中长大衣	童大衣	童中长大衣	裤	童裤
1	衣长		± 2.0	± 2.5	± 1.5	± 2.0	—	—
2	胸围		± 2.5	± 2.5	± 2.0	± 2.0	—	—
3	领大		± 1.0	± 1.0	± 1.0	± 1.0	—	—
4	袖长	装袖	± 1.5	± 1.5	± 1.0	± 1.0	—	
		连肩袖	± 2.0	± 2.0	± 1.5	± 1.5	—	
5	总肩宽		± 1.2	± 1.2	± 1.0	± 1.0	—	—
6	裤长		—	—	—	—	± 2.5	± 2.0
7	腰围		—	—	—	—	± 2.0	± 1.5

（八）物理、化学性能检验

1. 成品纰裂程度

成品主要部位缝子纰裂不大于0.4cm。测试原理是在垂直于织物接缝的方向上施加一定的负荷，测量接缝处脱开的最大距离。一般面料、里料负荷为100N ± 5N，强力机上、下夹钳距离为10.0cm，下夹钳无载荷时下降速度为5.0cm/min，预加张力为2N。将试样固定在夹钳中间，使接缝与夹钳边缘平行，强力机下夹钳以5.0cm/min 的速度逐渐增加面、里料负荷，当负荷达到100N ± 5N，停止下夹钳的下降，然后在强力机上垂直量取接缝脱开的最大距离，具体取样部位见表10–43。

表10–43　取样部位规定

取样部位	取样部位规定
袖窿缝	后袖窿弯处
摆缝	袖窿处向下 10cm
裤后缝	后龙门弧线二分之一处为中心
下裆缝	下裆缝上三分之一处为中心

2. 裤子后裆缝的接缝强力

要求成品裤后裆缝接缝强力不小于80N。测试方法按照GB/ T 3923.1规定。取样如图10–9所示。

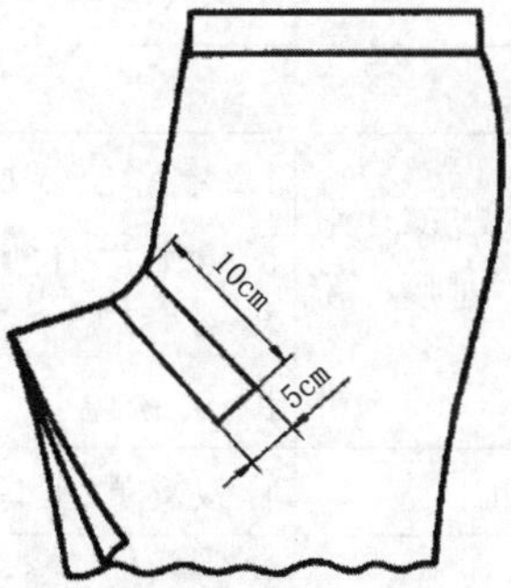

横向取样

图10–9　羽绒裤后裆缝接缝强力试验取样部位示意图

3. 成品释放甲醛含量

要求成品释放甲醛含量≤ 300 mg/kg，测试方法按GB/ T 2912.1规定。

4. 成品pH值

要求成品pH值在4.0~9.0，测试方法按GB/ T 7573规定。

5. 成品所用原料的成分和含量

成品所用原料的成分和含量应与使用说明上标注的内容相符，其测试方法按GB/ T 2910、GB/ T 2911规定。

6. 成品所用面料透气性

测试方法按GB/ T 5453规定。

7. 其他理化性能测试

按照有关标准进行，按测试项目在成品上任意选取有代表性的试样。

（九）包装检验

包装按FZ/T 80002规定。

（十）检验结果判定

1. 缺陷规定

GB/T 14272-2002对羽绒服装缺陷的规定，见表10-44。

表10-44　羽绒服装的缺陷

项目	序号	轻缺陷	重缺陷	严重缺陷
外观	1	标志字迹不清晰；商标不端正，明显歪斜；钉商标线与商标底色的色泽不适宜	使用说明内容不准确	使用说明内容缺项
	2			覆粘合衬部位脱胶、渗胶、起皱
	3			充绒量偏差小于-5%
	4	表面部位有轻微污渍；附件有掉皮、锈斑、划痕；粉印、水花＞$1.0cm^2$	1.2号部位表面有明显污渍。里子有明显污渍，面积＞$25cm^2$。附件有明显掉皮、锈斑	表面部位严重污渍，面积＞$50cm^2$
	5	熨烫不平；有亮光	轻微烫黄，变色	变质；残破
	6		轻微钻绒（缝子处除外）	有漏绒等，严重影响使用和美观
色差	7	3号部位超本标准半级及以内	1、2号部位超本标准半级及以内；3号部位超本标准半级以上	

（续表）

项目	序号	轻缺陷	重缺陷	严重缺陷
辅料	8	缝纫线与面料、里料的质地、颜色不适宜；钉扣线与扣的色泽不适宜	镶色线或镶色料褪色	
辅料	9	里料、缝纫线的色泽、色调与面料不适宜	里料、缝纫线的性能与面料不适宜	
	10			使用不透气的薄膜
疵点	11	2、3号部位超过本标准规定	1号部位超过本标准规定	
对条对格	12	对条对格、纬斜超过本标准规定50%及其以内	对条对格、纬斜超过本标准规定50%以上	面料倒顺毛，全身顺向不一致；特殊图案顺向不一致
规格允许偏差	13	规格超过本标准规定50%以内	规格超过本标准规定50%及以上	规格超过本标准规定100%及以上
缝制质量	14	针距低于本标准规定2针以内（含2针）	针距低于本标准规定2针以上	
	15		轻微钻绒（缝子处除外）	有漏绒等，严重影响使用和美观
	16	1.0cm以上线头超过5根	毛、脱、漏，表面部位在1.0cm及以下或里子部位在2.0cm及以下	毛、脱、漏，表面部位在1.0cm以上或里子部位在2.0cm以上
	17	领角（圆角）互差＞0.3cm	领角（圆角）互差＞0.6cm，领面明显起绺，低于本标准规定	
	18	绱领偏斜1.0cm及以内	绱领偏斜＞1.0cm	
	19	各缝制部位起皱低于本标准规定	门里襟严重起皱、起绺，低于本标准规定	
	20	两袋口互差＞0.6cm，袋盖小于袋口0.4cm，两袋高低进出左右互差＜0.8cm，袋盖宽窄＞0.4cm，嵌线宽窄＞0.3cm	嵌线、袋口严重毛出，两袋高低进出左右互差≥0.8cm，袋口封口严重不牢固等	

（续表）

项目	序号	轻缺陷	重缺陷	严重缺陷
缝制质量	21	绱袖不圆顺，吃势不均匀；两袖前后互差＞1.5cm；两袖长短互差＞1.0cm	绱袖不圆顺，吃势严重不均匀	
	22	帽门、帽底对比互差＞0.6cm		
	23	缉线不明显，吐止口，接线双轨		
	24	明线、暗线或绗线出现泡线		
	25	表面绗线明显不顺直，绗线线距互差＞0.3cm	绗线充绒厚薄严重不匀，绒内有异物	
	26	表面绗线无门襟对横互差＞0.3cm		
	27	表面绗线摆缝对横互差＞0.5cm	表面绗线摆缝对横互差＞0.7cm	
	28	表面绗线袖底缝对横互差＞0.5cm	表面绗线袖底缝对横互差＞0.7cm	
	29	拉链明显不平服、起皱，低于本标准规定	拉链带宽窄超0.5cm	拉链缺齿，拉链头脱落
	30	圆眼毛口		
	31	四合扣面扣与底扣之间互差＜0.5cm，间距进出＜0.6cm	四合扣面扣与底扣之间互差≥0.5cm，间距进出≥0.6cm	四合扣脱落

备注：1. 以上各缺陷按序号逐项累计计算。
2. 未涉及到的缺陷可根据标准规定，参照规则相似缺陷酌情判定。
3. 凡属丢工、少序、错序，均为重缺陷。断针、缺件为严重缺陷。
4. 理化性能一项不合格即为该抽验批不合格。

2. 抽样规定

外观质量检验抽样数量按产品批量：

500件及以下抽验10件。

500件以上至1000件（含1000件）抽验20件。

1000件以上抽验30件。

理化性能检验抽样4件。

3. 结果判定

单件（样本）判定：

优等品：严重缺陷数 = 0　重缺陷数 = 0　轻缺陷数 ≤ 4

一等品：严重缺陷数 = 0　重缺陷数 = 0　轻缺陷数 ≤ 7 或

严重缺陷数 = 0　重缺陷数 ≤ 1　轻缺陷数 ≤ 3

合格品：严重缺陷数 = 0　重缺陷数 = 0　轻缺陷数 ≤ 10 或

严重缺陷数 = 0　重缺陷数 ≤ 1　轻缺陷数 ≤ 6 或

严重缺陷数 = 0　重缺陷数 ≤ 2　轻缺陷数 ≤ 2

批量等级判定：

优等品批：外观检验样本中的优等品数 ≥ 90%，一等品和合格品数 ≤ 10%（不含不合格品），各项理化性能指标均达到优等品要求。

一等品批：外观检验样本中的一等品以上的产品数 ≥ 90%，合格品数 ≤ 10%（不含不合格品），各项理化性能指标均达到一等品要求。

合格品批：外观检验样本中的合格品以上的产品数 ≥ 90%，不合格品数 ≤ 10%（不含严重缺陷不合格品），各项理化性能指标均达到合格品要求。

当外观缝制质量等级判定和理化性能等级判定不一致时，执行低等级判定。

抽验中当各批量判定数不符合本标准规定时，应进行第二次抽验，抽验数量应增加一倍，如仍不符合本标准规定，应全部整修或降等。

四、常见质量问题及原因

1. 含绒量不足

国家标准规定：羽绒服装的含绒量不得低于50%。凡低于50%的都属于含绒量不足。

原因：含绒量测试有误；生产商以次充好，羽绒里掺有一定量的毛片或粉碎毛，用羽毛的边角余料作为填充料等。

2. 钻绒

羽绒从面料、里料的空隙或者从缝迹针眼钻出。

原因：使用的面料、里料不符合要求，如纱支不够细，经纬纱密度不够大；选择的针迹密度过小；缝针与面料、缝线不配伍等。

3. 舒适性差

穿着不透气、不透湿。

原因：为增加羽绒服装的防风保暖性以及提高面里料的防钻绒性，选用透气性差的面里料、胆料或使用不透气的薄膜作防绒衬，穿着时废气、湿气不易透过、排放，洗涤时不易晒干，潮湿时能见到水迹，人感觉不适。

4. 蓬松度不够

羽绒蓬松度达不到要求。羽绒的蓬松度直接影响羽绒服装的回弹性、保暖性和舒适度。

原因：羽绒的含绒量不足，朵绒小，相应的蓬松度就不够。

5. 异味

羽绒服上产生刺鼻气味。

原因：制做服装前对使用的羽绒未作深加工处理；羽绒服使用的面料、里料、胆料的透气性差，穿着时水汽不易散发或洗涤后不易晒干，羽绒在受潮条件下变质，散发异味。

第六节　裘皮服装

一、总体质量要求

（一）毛面

（1）整件衣服的颜色基本一致，毛的长度、毛的光泽、毛的柔软度、毛的稠密度、毛的弹性、毛的灵活性和毛的细度要相遂，对于带有花纹和斑点的毛皮服装要求其花型对称，花弯、斑点相遂；（2）脊线正直，整件服装所用各块皮张脊线均正直，中脊线对正，排节对齐（拼嵌的毛皮服装和个别以花弯、斑点为主的毛皮服装除外）；（3）配在一起的毛皮材料，毛性、毛色、路分相同，搭配合适；（4）不允许有溜沙、落绒、勾针、秃针、光板等影响毛面的缺陷和局部允许的瑕疵；（5）不得污染其他颜色，无异味，无灰尘。

（二）皮板

皮板质量的基本要求是：（1）柔软、有弹性、厚薄基本均匀，延伸性较佳；（2）不得有硬板、响板、焦板、糟板、夹生板、严重折痕、油板、残渣；（3）板面平展、细致、洁净。

（三）裁制

裁制的质量要求是：（1）线缝正直、适当，皮毛平顺；（2）部位对称（用多块毛皮合制成的服装，其对称部位毛性、毛色协调对称）、脚印对正，领面居中脊子必须与后身中脊对齐；（3）板面平整、用料合理；（4）整件服装各部位的缝制要求符合规定。

（四）辅料

里料、纺织面料穿着舒适，明显部位没有影响美观的疵点存在。配件与毛皮服装的档次搭配合理。配件无锈蚀，无毛刺，安装牢固。拉链拉合滑顺，无错位、掉牙，缝合平直，边距一致。钮扣光滑、耐用，无锈蚀、无毛刺。缝线性能与面料、里料相适应。商标位置端正、牢固，正确、清晰。

（五）不同毛皮服装部位对质量的要求

应考虑毛皮服装的部位划分(见图10-10)对毛皮质量要求的一般规律。

图10-10　毛皮服装的部位划分

第一部位，包括领面、驳头面、袖面（大袖）、前身、后身。

第二部位，包括摆缝前和后各8cm（以摆缝为中线）、底袖（小袖）二分之一下部、贴边或过面（挂面）。

第三部位，包括领里、驳头里、底袖（小袖）二分之一上部等隐蔽部位。

一般要求，第一部位的皮张色泽、毛性应优于第二部位；第二部位的色泽、毛性应优于第三部位；领面和领面邻近四周的毛性应优于大身，前身皮张的毛性应优于后身；大袖皮张的色泽、毛性应与大身相似；小袖、腋下、领里皮次于大身皮。对于不同类别的不同裁制方法和根据品种不同的配皮要求，也要加以考虑。

缺陷允许程度：

第一部位：允许有轻微色花、浮色、秃针、勾针、鸡怪毛和不影响毛面的折痕。

第二部位：允许有较明显的秃针、勾针；纺织面料允许有粗不超过一倍，长2cm的粗纱。

第三部位：允许低于第二部位，要求适当掌握。

二、检验操作程序

一般的检验程序，从上而下、从左至右、从面至里、从毛面至革底。

三、检验内容

（一）外形检验

服装外形符合款式要求，整件衣服的颜色基本一致，毛绒大小、粗细相随，花型对称。

中脊线对正，排节对齐；一条龙或一条龙夹革服装，革条和串刀宽窄均匀相称。

（二）规格检验

裘皮服装的各部位名称见图10-11，测量方法见图10-12。

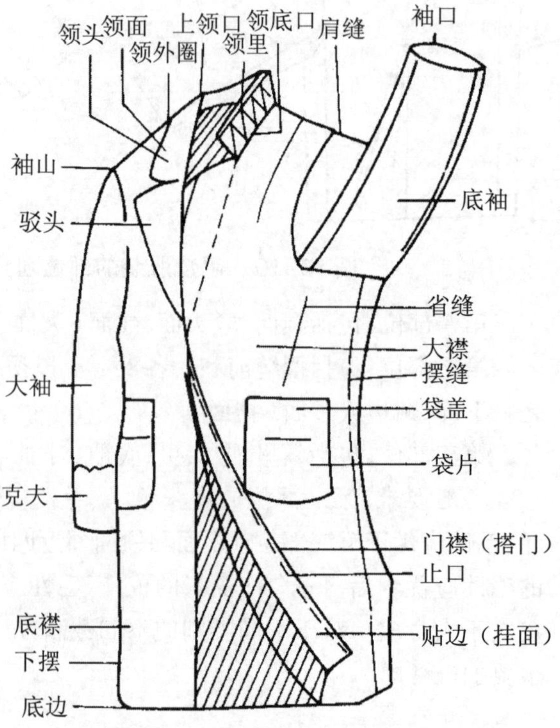

图10-11　裘皮服装部位名称图

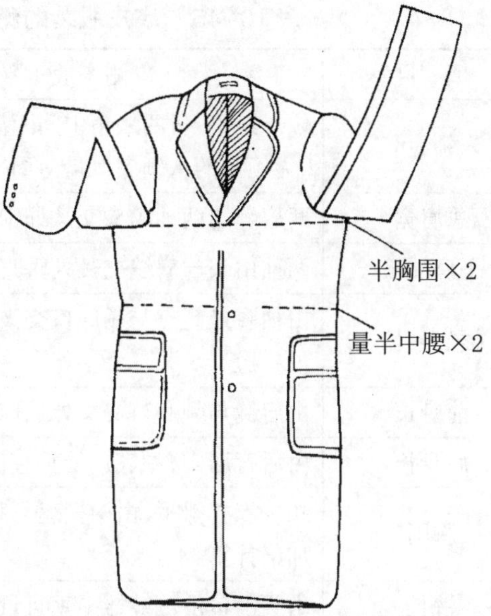

测量胸围

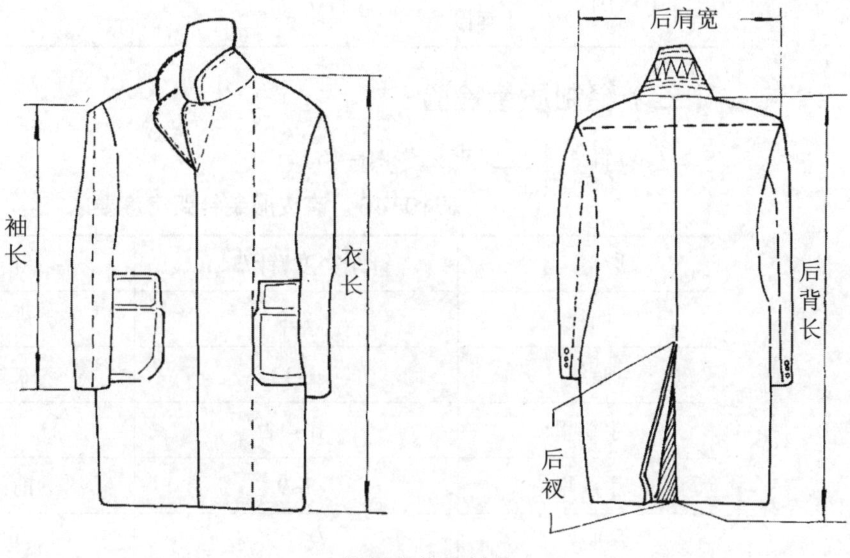

测量衣长和袖长

图10-12　裘皮服装的测量方法

测量方法及公差如表10-45。

表10-45　裘皮服装的测量方法及公差

项　目	测 量 方 法	公差，cm
领大	领子摊平，量两领角中间距离（无领角的从领底口量一周）	±0.8
总肩宽	两肩缝与两袖山头交叉处中间距离，沿后背横量	±0.8
平肩袖长	两袖山头与肩缝交叉处垂直量至袖口边	±1.0
插肩袖长	由袖窿最高点与领底口交叉处沿大袖中缝量至袖口边	±1.0
前身长	由肩缝与领底口交叉处从前身垂直量至底边	±1.5
后身长	由后背居中，领底口处垂直量至底边	±1.5
胸围	扣好衣扣摊平，由两摆缝与腋下袖窿交叉处横量加倍计算	±1.5
裤长	由腰上口沿侧缝摊平垂直量至裤脚口	±1.5
裙长	由腰上口垂直量至底边最下端	±1.5
腰围	扣好裤钩，拉好拉链，正面摊平，沿腰宽中间横量乘以2	±1.0

（三）缝制质量检验

（1）针距密度要求见表10-46。

表10-46　裘皮服装针距密度要求

项　　目	针距密度，针/3cm	备　　注
明线	7~9	裘皮镶革皮部分
暗线	9~12	衣里各部位
手缝里	10~12	袖窿
手缲里	7~9	前门和底边
机线	16~18	衣里底边明线

（2）明线针码均匀，线路顺直、整齐、松紧适宜，不得跳线、断线和明显的重线、露针眼，暗线不得漏缝。

（3）上领端正，领口圆顺，领面平展，领型左右对称。

（4）肩部平服，肩缝顺直、宽窄一致。

（5）前身门里襟相符，左右门襟不搅不豁，下角不卷不翻。胸部丰满，省缝位置适中，长短高低一致。口袋位置准确，左右对称，袋口合拢、平服。

（6）袖山挺圆，吃纵均匀，袖缝对准肩缝。两袖平顺，不超前或超后；两袖长短大小一致。

（7）摆缝顺直、平整。

（8）后身平服，开衩顺直，长短一致。

（9）衣里松紧适宜，匀称，不扭曲。

（10）各部位止口顺直，不弯曲和露翻。

（11）扣与扣眼定位准确，大小适宜，勾、扣钉牢。

（四）熨烫检验

熨烫平服、整洁。无变色、亮光、水花。

（五）有害物检验

（1）可分解有害芳香胺染料，要求≤30mg/kg。

（2）游离甲醛，要求婴幼儿用品≤20mg/kg，直接接触皮肤产品≤75mg/kg，非直接接触皮肤产品≤300mg/kg。

（六）包装检验

要求：

（1）包装物清洁、牢固、干燥，适合长途运输；

（2）木箱拼缝空隙不大于0.5cm，木板没有被虫蛀、腐朽；

（3）内外包装大小相符，包装与实物大小相宜；

（4）内外包装上标记清晰，不褪色，内容与实际相符。

（七）运输和储存

要求：

（1）防止曝晒、雨雪淋；

（2）保持通风干燥，不得重压，防蛀、防潮，避免高温环境；

（3）远离化学物质、液体侵蚀；

（4）避免尖锐物品的戳、划。

四、常见质量问题及原因

裘皮服装常见的质量问题如下：

1. 掉毛

原因：

（1）在缝制过程中，残留在夹缝里的毛。

（2）在毛皮生产过程中，由于铲皮或磨皮过度，至使肉面毛根露出，容易引起掉毛。

（3）消费者保管不当，使皮板受潮也能引起掉毛。

2. 变色

变色大多出现在颜色较浅的白色、宝石蓝色等裘皮服装上，这种裘皮不是原自然色，而是经过漂染工艺而成，当消费者穿了一段时间后，或者放在衣柜里保存一段时间后，有的裘皮服装的毛被变了颜色，有的白色浮现黄色，宝石蓝色也没有了宝石蓝的光泽。

原因：除染色牢度方面的原因外，消费者在穿着和保管方面也要注意。

3. 抓眼

皮板出现抓眼，毛被外观不均匀。

原因：一般高档裘皮服装都是串刀，原皮质量不能完全一致，只要符合标准要求就可以制衣，有些差异是允许的，但也应在一定允许范围内。消费者穿着时不注意，钩挂东西，也会引起抓眼。

思考与练习题

1. 举例分析一种典型服装产品的质量检验过程。

2. 针对一种典型服装产品经常出现的问题，分析其产生原因及解决措施。

第十一章 服装标准

第一节 标准及标准化

目前,企业各项工作的依据是标准,服装产品的品质控制与检验更是以标准为准则。为了做好服装生产和品质控制工作,必须熟识服装及其各项工作的标准,把握标准,用标准去指导工作。

一、标准及标准化的定义

标准是对重复性事物和概念所做的统一规定,它以科学、技术和实践检验的综合成果为基础,经有关方面协商一致,由主管机构批准,以特定形式发布,作为共同遵守的准则和依据。

标准化是指在经济、技术、科学及管理等社会实践中,对重复性事物和概念,通过制定、发布和实施标准,达到统一,以获得最佳秩序和社会效益。标准化不能够理解为一个孤立的事物,它是一个活动过程,且主要是制定标准、贯彻标准进而修订标准的过程。标准往往是标准化的产物,标准化的效果是在标准的运用、贯彻执行等社会实践中表现出来的,标准在实践中要不断修改、不断完善。

二、标准化的特征

企业标准化的主要特征如下:

1. 技术性

企业的生产技术工作都与标准化密切相关,服装标准是企业日常生产必须遵循的主要技术依据,是技术协作、技术交流和销售产品的重要凭证。技术标准的制订,是对现有技术工作总结的基础上进行的,是更为深入的技术工作,反映着企业的生产技术水平。

2. 经济性

企业的生产技术活动及标准化水平，最终反映在经济效果上。企业制定和贯彻标准的目的，是为了合理发展产品品种，提高产品质量，降低原辅材料消耗，以最低成本获得最大经济效益。因此，企业标准化的根本目的，是为了合理安排生产经营活动，提高企业的经济效益。

3. 管理性

现代服装企业的各项工作离不开管理，而管理的重要基础是企业标准，企业管理以标准的要求来协调统一企业的生产经营管理活动，建立高效、合理的管理秩序，以提高企业管理效率和管理水平。企业标准化是包括企业管理工作在内的全面标准化管理，是实现企业生产经营目标的重要保证。

4. 全员性

企业的标准化是涉及企业全部的职工、涵括企业生产和管理全过程的有组织的活动，只有企业全体职工的共同努力，把执行标准作为每个员工的自觉行为，企业标准化的作用和效果才能真正发挥。

第二节　标准的分类

标准体系是一定范围内的标准按其内在联系形成的有机整体。根据标准之间的内在联系，按照不同的特征，服装标准有不同的分类方法。下面分别加以阐述。

一、标准的性质

按照标准性质、对象，通常把标准分为技术标准、管理标准和工作标准三大类。

技术标准是指对标准化领域中需要协调统一的技术事项所制定的标准。技术标准包括基础技术标准、产品标准、工艺标准、检测试验方法标准及安全、卫生、环保标准等。

管理标准是指对标准化领域中需要协调统一的管理事项所制定的标准。管理标准包括管理基础标准，技术管理标准，经济管理标准，行政管理标准，生产经营管理标准等。

工作标准是指对工作的责任、权利、范围、质量要求、程序、效果、检查方法、考核办法所制定的标准。工作标准一般包括部门工作标准和岗位（个人）工作标准。

二、标准的执行形式

《标准化法》规定：国家标准、行业标准分为强制性标准和推荐性标准。保证人体健康、人身、财产安全的标准和法律、行政法规规定强制执行的标准是强制性标准，其他标准是推荐性标准。

强制性标准必须执行，不得擅自更改或降低强制性标准所规定的各项要求。对于违反强制性标准的，要有法律、行政法规规定的行政主管部门或工商行政管理部门依法处理。

推荐性标准的实施，从形式上看是由有关各方自愿采用的标准，国家一般也不做强制执行要求。但是作为全国、全行业范围内共同遵守的准则，国家标准和行业标准一般都等同或等效采用了国际标准，从标准的先进性和科学性来看，它们都积极地采用了已标准化的各项成果，积极采用推荐性标准，有利于提高产品质量，提高产品的国内外市场竞争能力。我国主要采用以下几种方式鼓励有关方面执行推荐性标准。

1）由主管部门制定指令性文件，在其管辖范围内贯彻执行。推荐性标准一旦被纳入到指令性文件中，它就成为必须要执行的标准。

2）国家采取某些优惠措施，鼓励采用推荐性标准。例如，我国规定，凡是贯彻执行国家标准、行业标准的产品，均可以申请产品质量认证，合格者发给产品质量认证证书并允许产品使用合格标志，企业在执行标准的同时，提高了产品的质量，并可获得较高的商业信誉和社会知名度。

3）通过合同贯彻执行推荐性标准。买卖双方可以在合同中，引入推荐性标准，由于合同受法律约束，推荐性标准的执行是买卖双方事先约定并在合同做出规定的，它具有法律约束力。

三、标准的使用范围

标准体系中按标准使用范围和审批权限划分，在国际范围内通用的有国际标准、区域标准，在国内范围使用的有国家标准、行业标准、地方标准和企业标准。

随着贸易的国际化，标准也日趋国际化。以国际标准为基础制定本国标准，已成为WTO对各成员国的要求。国际标准化，是指在国际范围内由众多国家、团体共同参与开展的标准化活动。目前，世界上约有近300个国际和区域性组织，制定标准或技术规则。其中最大的是国际标准化组织（ISO）、国际电工委员会（IEC）、国际电信联盟（ITU）。ISO、IEC、ITU标准为国际标准。此外，被ISO认可，收入KWIC索引中的其他25个国际组织制定的标准，也视为国际标准。

ISO按专业性质设立技术委员会（TC），例如ISO/TC 38 纺织品技术委员会，ISO/TC 72纺织机械及附件技术委员会，ISO/TC 133服装的尺寸系列和代号技术委员会，并下设分技术委员会（SC）。

表11-1给出了其他国家标准、行业标准代号及负责机构。

四、标准化对象的特征

根据在标准化系统中的作用，标准可划分为基础标准和一般标准。服装行业按照这种分类方法，将标准划分为基础标准、方法标准、产品标准。

基础标准是指在一定范围内普遍使用，具有指导意义的标准，它在标准体系中起着基础性的作用，是制定其他各类标准的依据。例如：GB/T 1335《服装号型》、FZ/T 80002《服装包装、标志、贮存、运输》等标准。

表11-1　国外标准代号

序号	代号	含　义	负　责　机　构
1	ANSI	美国国家标准	美国标准学会(ANSI)
2	ASTM	美国试验与材料协会标准	美国试验与材料协会（ASTM）
3	BS	英国国家标准	英国标准学会（BSI）
4	DIN	德国国家标准	德国标准化学会（DIN）
5	JIS	日本工业标准	日本工业标准调查会(JISC)
6	NF	法国国家标准	法国标准化协会(AFNOR)

方法标准是为了保证和验证产品质量符合技术要求所规定的试验、测定、检查方法。例如，GB/T 15557《服装术语》、GB 5296.4《纺织品和服装使用说明》等国家标准，它们对于制定其他各类标准有指导作用，也是制定其他各类服装标准的依据。目前服装行业的试验方法标准有两种存在形式：一种是独立形成标准，如GB/T 13768《测定服装尺寸变化时试样的准备、标记和测量》、FZ/T 80001《水洗羽毛、羽绒试验方法》等。另一种是作为某项产品标准的一部分，例如GB/T 2664《男西服、大衣》附录A“缝子纰裂程度试验方法”。本书第二章服装材料品质控制中有关面辅料的测试即依据有关的方法标准。

产品标准是为了保证产品的适用性，对产品必须达到的全部或部分要求所做的规定，它是发生质量纠纷时具有法律效力的技术法规，也是产品生产、质量检验、交付验收的依据。本书第九章典型服装品质控制与检验的编写依据就是几种大类服装的产品标准。

服装行业标准体系根据标准的适用范围,将具有共性的服装标准安排在高层次,具有个性的安排在低层次。这些标准之间相互依存、相互关联、相互协调,构成一个有机的整体,见图11-1。目前我国常用的服装标准见附录1.

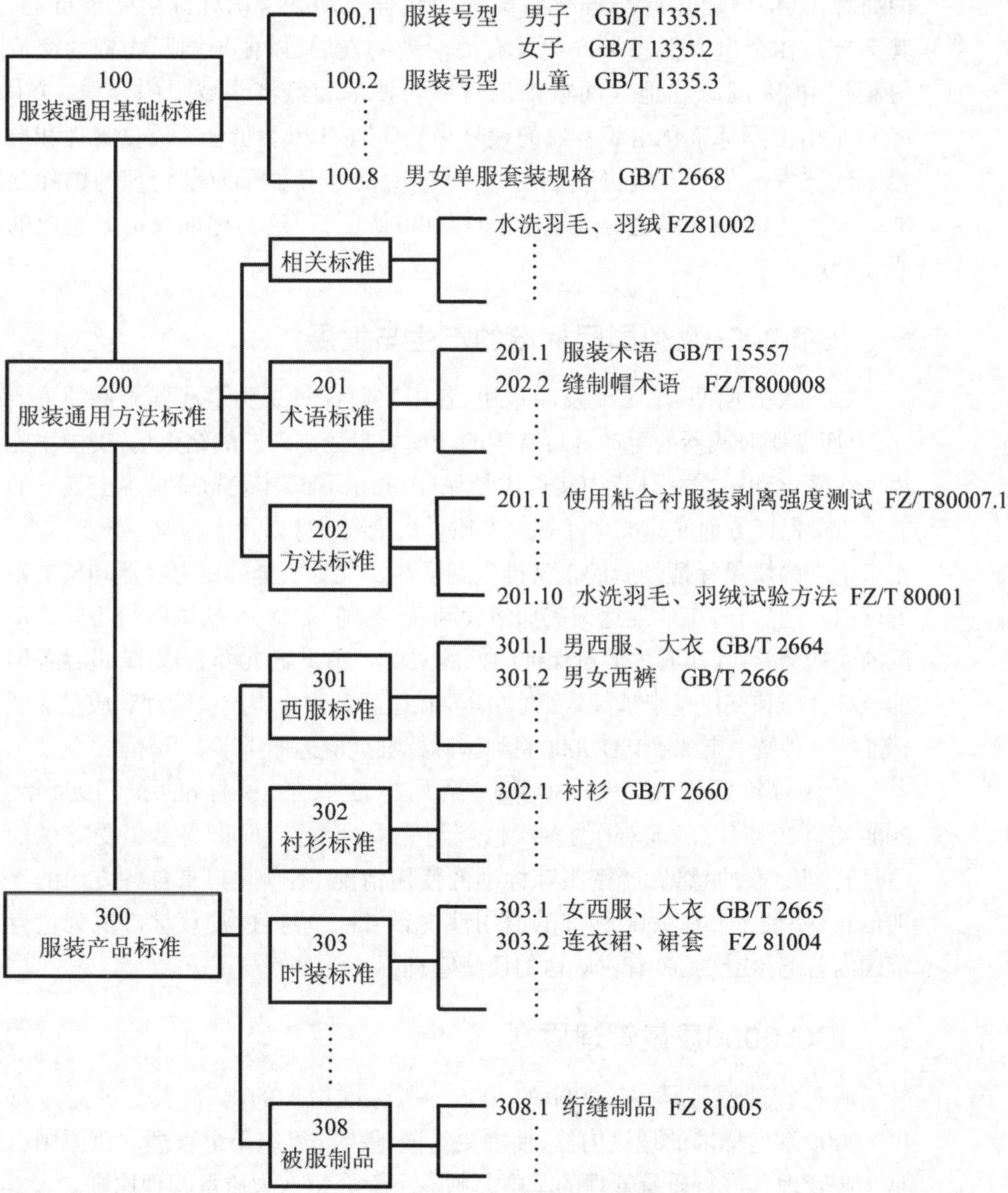

图11-1 服装技术标准体系

第三节 ISO 9000系列标准

ISO是国际标准化组织（International Organization for Standardization）的简称，其前身是国际标准化协会国际联合会和联合国标准协调委员会，其宗旨是在全世界促进标准化及有关活动的发展，以便于国际物资的交流与服务，扩大国家和地区间在知识、科学、技术和经济领域中的合作。ISO 9000是由国际标准化组织下属的代号为ISO/TC 176委员会（质量管理和质量保证技术委员会）负责编制的，全球唯一的一套关于质量管理的国际标准。世界各地的许多企业通过了ISO 9000认证，用这套标准规范着企业的质量管理。

一、ISO 9000系列国际标准的产生与发展

二次大战期间，军工业发展很快，各国政府都意识到了武器质量的重要性，迫切需要对武器的生产进行有效的全面质量控制。二战结束后，美国率先决定在军火和军需品订货中实行质量保证，并于1959年发布了世界上最早的有关质量保证方面的标准文件——《质量大纲要求》以及《检验系统要求》，军工生产的质量保证经验后来又推广到了涉及人身安全的压力容器和核电站等部门。随后，各工业发达国家如澳大利亚、英国、加拿大、法国等纷纷效仿美国的成功经验，发布有关质量保证的标准文件。20世纪70年代以来，世界各国的经济合作和交流越来越频繁，迫切需要在国际范围内将质量管理和质量保证标准的文件统一起来，ISO 9000系列国际标准就应运而生了。

自1987年颁布第一版ISO 9000系列标准以来，该标准历经1994年、2000年、2005年、2008年的多次修订与完善，广泛听取世界上最受尊敬的质量管理专家的意见，严密跟踪标准的使用情况，不断收集来自各方面的反馈信息，保证了ISO 9000标准的通用性、指导性、合理性，使该标准成为世界范围内普遍接受的、具有权威性的质量管理标准。

二、ISO 9000质量管理原则

质量管理原则是ISO 9000的2000年版标准增加的内容，其目的是丰富ISO 9000系列标准的理论内涵，使之更有效地指导组织质量管理。该原则也是企业管理者进行质量管理的基本原则。下面介绍八大质量管理原则。

1. *以顾客为关注焦点*

以服装企业为例，应该关注顾客，调查研究顾客的需求和期望，围绕“使

顾客满意”开展各项工作,提供满足顾客要求和期望的服装产品（或服务）,了解和分析顾客未来的需求,力争超越顾客期望。

2. 领导作用

充分考虑到领导者在企业的质量管理中的决定性作用。企业领导应确立企业统一的宗旨和发展方向,考虑所有相关者的现在和未来的需求和期望,建立质量方针和质量目标,营造一个企业员工积极参与质量工作的良好的内部环境,建立价值共享和职业道德等企业精神和企业文化,提供员工所需的资源、教育、培训以及职责范围内的自主权,将企业员工的活动方向统一到组织的方针和目标上来。

3. 全员参与

服装企业应以人为本,充分调动员工的积极性和创造性。首先使员工了解自身贡献的重要性及其在企业中的角色,适当满足员工参与管理的要求和愿望,使其以主人翁的责任感去解决工作中的各种问题,寻找机会积极主动地增强自身能力、知识和经验,根据员工各自的目标评估其业绩状况,激励员工的积极性。

4. 过程方法

服装企业系统地识别和管理所应用的过程以及过程之间的相互作用,称之为“过程方法”。具体地,企业应系统地识别质量管理体系所需要的活动过程；识别企业职能之间与职能内部活动的接口；确定管理活动的职责和权限；分析和监测各项过程,以实现持续地改进；重点改进企业关键活动的资源、方法、材料等各种因素。

5. 管理的系统方法

将相互关联的过程作为系统加以识别、理解和管理,有助于提高管理效率。为实现管理的系统方法原则,服装企业应建立系统的结构,以最佳效果和最高效率实现企业的目标；了解系统内各过程之间的相互依存关系；理解企业的能力,明确必要的资源；设定目标,确定如何运作系统内的特殊活动；对系统进行测量和评估,以持续改进系统。

6. 持续改进

持续改进总体业绩是组织的永恒目标。服装企业应将持续改进作为一种机制,确定可以指导、跟踪和持续改进的目标,例如质量管理体系、过程、方法等；评价改进的结果；为员工提供有关持续改进的方法和工具的培训。

7. 基于事实的决策方法

有效决策是建立在数据和信息分析的基础上。服装企业应收集与目标有关的各种数据与信息,确保其准确性和可靠性,采用正确科学的方法分析数据,并及时提供给决策者,使其基于事实分析作出有效决策。

8. 与供方互利的关系

组织与供方是互存的、互利的关系可以增强双方创造价值的能力。服装企业在整个生产过程中,会与各供应企业有着或大或小的联系,应选择确定关键供应方,与其建立通畅的沟通渠道,提倡共同开发和改进产品,鼓励供应方作出改进,最终使双方共同获益。

三、ISO 9000质量管理体系的内容

质量管理体系是企业的一项战略性决策,其主要内容如下:

1. 质量管理体系总要求

确定质量管理体系所需的过程及其在整个组织中的作用;确定这些过程的顺序和相互作用;确定这些过程所需的准则和方法;确保获取必要的资源和信息,使过程可以有效运行;监督、监测和分析这些过程;实施必要的措施,以实现这些过程的目的以及对过程进行持续改进。

2. 质量管理体系文件要求

质量管理体系文件包括质量方针和目标、质量手册、形成文件的程序和记录,其他策划、运行和控制等记录和文件。不同企业的质量管理体系文件的数量不同,应根据企业的规模、生产过程的复杂程度、人员的能力来确定。企业应对质量管理体系所要求的文件和有关记录予以控制。

3. 管理职责

包括确定管理承诺;以顾客为关注焦点;确定正确的质量方针;进行质量策划;确保组织内的职责、权限得到规定,并确保内部的有效沟通;按照规定时间评审质量管理体系,确保其持续改进。

4. 过程方法

该标准体系鼓励在建立、实施质量管理体系以及改进其有效性时采用一定过程方法,以满足顾客要求。

5. 资源管理

企业应提供实施质量管理体系并持续改进、满足顾客需求等所需的资源,确保人力资源、基础设施和工作环境都符合要求。

6. 产品实现

包括产品策划、确定顾客需求、产品的设计与开发、采购、生产和服务等一系列过程,最终为顾客提供满足其需求的产品和服务。

7. 监测、分析和改进

企业应监测顾客满意度和质量管理体系过程,进行内部审核,确保不符合要求的产品得到识别和控制,收集和分析数据,采取纠正措施消除不合格的原因,并消除潜在不合格的原因,是质量管理体系持续改进。

四、ISO 9000质量管理体系的实施

1. 确定体系目的

企业为提供符合客户需求的产品（或服务），应使产品满足规定的需要、用途和目的，满足客户对产品质量的要求和期望，还应符合有关标准和技术法规的要求，保证产品具有市场竞争力，当然，最终应使企业取得良好的经济效益。这些都是质量管理体系的目的。

2. 建立组织机构

要建立管理组织，明确其责任和权利范围、行动目标等。具体包括成立领导小组、专门工作小组、质量审核小组，设立管理者代表等。

3. 进行体系设计

在进行质量管理体系设计时，应根据收集的资料，分析体系的结构，确定体系的质量方针和目标，设计质量环，并评价质量管理体系的要素。具体地，应选择质量管理体系标准，包括选择和补充有关条款，设计并调整组织机构，编写质量手册、程序文件，质量文件等系统文件。

4. 实施体系诊断

即检查企业质量管理体系的实际状况，找出与即将实施的质量标准体系之间的差距及形成原因，选择合适的质量管理体系模式及补充要求，对质管体系进行修改，达到内部质量审核的目的。实施诊断的人员可以是企业内部人员，也可以是委托的外部机构人员。

5. 体系试运行

新的质量管理体系建立起来后，还要开展有关的培训和宣传工作；在正式实施前将质量管理体系文件要求传达到企业的有关部门；通过试运行，补充和完善前期工作，修改体系文件，积累经验；试运行中，制定滚动式的内部审核计划，在外部审核之前，进行模拟审核或请认证机构进行预审，以促进质量管理体系的改进。

五、ISO 9000质量管理体系的认证

质量管理体系认证，是由第三方证实某产品或服务符合特定标准或规范性文件的活动。一般由国家或政府认可的组织担任第三方，即“认证机构”，通过审核、评定和事后监督来证明企业的质量管理体系符合某种质量保证标准，对企业的质量保证能力给予证实。

企业的质量管理体系建立和运作起来后，可向国际机构提出认证申请，约定检查时间和评审时间。选择认证机构时，应本着就近方便、对企业有利的原则，考虑企业所在的地区、认证机构的认证范围和有效性、客户的要求等

因素。

正式申请认证前，企业首先进行初步检查，在认证机构的帮助下，修改有关质量文件，检查和改进质量管理体系。然后，按照有关程序，企业提出认证申请，认证机构审查申请材料，签订合同，认证机构做审核准备，实施审核，审核组出具审核报告，对纠正措施跟踪，最后颁发证书。认证注册后，企业应加强日常检查工作，不断完善和提高质量管理体系，及时向认证机构通报有关工作，接受其监督和检查。

思考与练习题

1. 简述标准和标准化的概念。
2. 结合服装标准，说明标准的分类，介绍服装行业的标准体系。
3. 请介绍ISO 9000标准。
4. 举例说明ISO 9000的质量管理原则。

附录1　常用服装标准

服装综合

GB/T　1335.1—2008　服装号型　男子
GB/T　1335.2—2008　服装号型　女子
GB/T　1335.3—2009　服装号型　儿童
GB/T　2667—2008　衬衫规格
GB/T　2668—2008　单服、套装规格
GB　5296.4—1998　消费品使用说明　纺织品和服装使用说明
GB/T　8685—2008　纺织品和服装使用说明的图形符号
GB/T　14304—2008　毛呢套装规格
GB/T　15557—2008　服装术语
GB/T　16160—2008　服装人体测量的部位与方法
FZ/T　01053—2007　纺织品　纤维含量的标识
FZ/T　80002—2008　服装标志、包装、运输和贮存
FZ/T　80004—2006　服装成品出厂检验规则
FZ/T　80009—2004　服装制图
FZ/T　80007.1—2006　使用粘合衬服装剥离强力测试方法
FZ/T　80007.2—2006　使用粘合衬服装耐水洗测试方法
FZ/T　80007.3—2006　使用粘合衬服装耐干洗测试方法

服装产品

GB/T　2660—2008　衬衫
GB/T　2662—2008　棉服装
GB/T　2664—2009　男西服、大衣
GB/T　2665—2009　女西服、大衣

GB/T 2666—2009 西裤
GB/T 14272—2002 羽绒服装
GB/T 18132—2008 丝绸服装
GB/T 23314—2009 领带
GB/T 23328—2009 机织学生服
FZ/T 43014—2008 丝绸围巾
FZ/T 81001—2007 睡衣套
FZ/T 81004—2003 连衣裙、裙套
FZ/T 81006—2007 牛仔服装
FZ/T 81007—2003 单、夹服装
FZ/T 81008—2004 茄克衫
FZ/T 81009—1994 人造毛皮服装
FZ/T 81010—2009 风衣
FZ/T 81011—2008 领带
FZ/T 81012—2006 围巾、披肩
FZ/T 81013—2007 宠物狗服装

针织服装综合

GB/T 4856—1993 针棉织品包装
GB/T 6411—2008 棉针织内衣规格尺寸系列
FZ/T 70011—2006 针织保暖内衣标志

针织服装产品

GB/T 8878—2009 棉针织内衣
FZ/T 43015—2001 桑蚕丝针织服装
FZ/T 73001—2008 袜子
FZ/T 73005—2002 低含毛混纺及仿毛针织品
FZ/T 73006—1995 腈纶针织内衣
GB/T 22853—2009 针织运动服
GB/T 22849—2009 针织T恤衫
FZ/T 73009—2009 羊绒针织品
FZ/T 73010—2008 针织工艺衫
FZ/T 73011—2004 针织腹带
FZ/T 73012—2008 文胸
FZ/T 73013—2010 针织泳装

FZ/T 73014—1999 粗梳牦牛绒针织品
FZ/T 73015—2009 亚麻针织品
FZ/T 73016—2000 针织保暖内衣 絮片类
FZ/T 73017—2008 针织家居服
FZ/T 73018—2002 毛针织品
FZ/T 73019.1—2010 针织塑身内衣 弹力型
FZ/T 73019.2—2004 针织塑身内衣 调整型
FZ/T 73020—2004 针织休闲服装
GB/T 22854—2009 针织学生服
FZ/T 73022—2004 针织保暖内衣
FZ/T 73024—2006 化纤针织内衣
FZ/T 73025—2006 婴幼儿针织服饰
FZ/T 73026—2006 针织裙套
FZ/T 73028—2009 针织人造革服装
FZ/T 73029—2009 针织裤
FZ/T 73032—2009 针织牛仔服装
FZ/T 73033—2009 大豆蛋白复合纤维针织内衣
FZ/T 73035—2010 针织彩棉内衣
FZ/T 73036—2010 吸湿发热针织内衣

进出口服装产品

SN/T 0068—2010 进出口毛皮服装检验规程
SN/T 0069—2003 进出口皮革服装检验规程
SN/T 0252—2005 进出口砂洗真丝服装检验规程
SN/T 0452.2—2008 进出口针织服装检验规程 第2部分：针织外衣
SN/T 0452.3—2009 进出口针织服装检验规程 第3部分：针织内衣
SN/T 0453—2009 进出口毛针织品检验规程
SN/T 0554—1996 出口服装包装检验规程
SN/T 0682—2010 进出口头巾、围巾检验规程
SN/T 0779—1998 出口免熨烫服装检验规程
SN/T 0780—1998 出口丝类针织服装检验规程
SN/T 0781—1998 出口泳装检验规程
SN/T 1522—2005 儿童服装安全技术规范
SN/T 1702—2006 进出口毛革两用服装检验规程
SN/T 1932.1—2007 进出口服装检验规程 第1部分：通则

SN/T 1932.2—2008 进出口服装检验规程 第2部分：抽样
SN/T 1932.3—2008 进出口服装检验规程 第3部分：室内服装
SN/T 1932.4—2008 进出口服装检验规程 第4部分：牛仔服装
SN/T 1932.5—2008 进出口服装检验规程 第5部分：西服、大衣
SN/T 1932.6—2008 进出口服装检验规程 第6部分：羽绒服装及羽绒制品
SN/T 1932.7—2008 进出口服装检验规程 第7部分：衬衫
SN/T 1932.8—2008 进出口服装检验规程 第8部分：儿童服装
SN/T 1932.9—2008 进出口服装检验规程 第9部分：便服
SN/T 1932.10—2010 进出口服装检验规程 第10部分：防寒服

参考文献

[1] 蒋晓文,周捷. 服装生产流程与管理技术 [M]. 2版:东华大学出版社, 2008.

[2] 金壮. 服装品质管理实用手册 [M]. 2版:中国纺织出版社, 2005.

[3] 国家进出口商品检验局检验科技司. 出口服装质量与检验 [M]. 中国纺织出版社, 1998.

[4] 万志琴,宋惠景,张小良. 服装品质管理 [M]. 2版:中国纺织出版社, 2009.

[5] 姜蕾. 服装品质控制与检验 [M]. 化学工业出版社, 2006.

[6] 彭志源. 出口服装质量控制与通关检验标准实施手册 [M]. 北京科海电子出版社, 2003.

[7] 冯翼,冯以玫. 服装工业技术管理与质量控制 [M]. 中国纺织出版社, 1997.

[8] 任林昌,金泰钧. 服装生产技术管理 [M]. 纺织工业出版社, 1989.

[9] 孔繁薏,罗大旺. 中国辅料大全 [M]. 中国纺织出版社, 1998.

[10] 万融,邢声远. 服用纺织品质量分析与检测 [M]. 中国纺织出版社, 2006.

[11] 邢声远,郭凤芝. 服装面料与辅料手册 [M]. 化学工业出版社, 2008.

[12] 吴卫刚. 服装企业ISO9000质量管理 [M]. 中国纺织出版社, 2005.

[13] 杨义雄. 服装生产管理 [M]. 东华大学出版社, 2005.

[14] 中华人民共和国国家标准. 消费品使用说明 纺织品的服装使用说明, GB 5296. 4—1998 [M]. 中国标准出版社, 1998.

[15] 中华人民共和国国家标准. 国家纺织产品基本安全技术规范, GB 18401—2003 [M]. 中国标准出版社, 2003.

[16] 中华人民共和国国家标准. 男西服、大衣, GB/T 2664—2009 [M]. 中

国标准出版社，2009.

[17] 中华人民共和国国家标准. 女西服、大衣，GB/T 2665—2009 [M]. 中国标准出版社，2009.

[18] 中华人民共和国国家标准. 衬衫，GB/T 2660—2008 [M]. 中国标准出版社，2008.

[19] 中华人民共和国国家标准. 丝绸服装，GB/T 18132—2008 [M]. 中国标准出版社，2008.

[20] 中华人民共和国国家标准. 羽绒服装，GB/T 14272—2002 [M]. 中国标准出版社，2002.

[21] 中华人民共和国纺织行业标准. 文胸，FZ/T 73012—2008 [M]. 中国标准出版社，2008.

[22] 中华人民共和国纺织行业标准. 服装标志、包装、运输和储存，FZ/T 80002—2008 [M]. 中国标准出版社，2008.

[23] 中华人民共和国进出口商品检验行业标准. 进出口毛皮服装检验规程，SN 0068—2010 [M]. 中国标准出版社，2010.

[24] 张盛英. 服装裁剪两大常见质量问题及预防纠正措施 [J]. 山东纺织科技，2003 (2) :30~31.

[25] 冯宪. 服装生产过程质量控制的环节及实施要求 [J]. 浙江纺织服装职业技术学院学报 2006 (1) :46~49.

[26] 陈之戈，陈雁. 对缝制中起拱和针伤的控制[J]. 服装科技，2000(6):26.

[27] 徐亚平，陶源华. 服装疵点分析方法浅析[J]. 江苏丝绸，2003(6):35~38.

[28] 张健刚. 缝制过程中断线问题解析[J]. 中外缝制设备，2004(7):62~63.

[29] 宁春荣，孙景山. 检测评定裘皮服装质量的难题及解决办法的探讨[J]. 轻工标准与质量，2005 (3)：35~37.